小麦除草剂使用技术图解

主　　编　张玉聚　王恒亮　周新强　屠长征
副 主 编　朱嗣和　郭予新　郭淑媛　刘学强　张成霞
　　　　　李艳丽
编写人员　（按姓氏笔画排列）
　　　　　王会艳　王恒亮　史艳红　关祥斌　刘　胜
　　　　　刘学强　孙化田　朱嗣和　吴仁海　张永超
　　　　　张玉聚　张成霞　李伟东　李晓凯　李艳丽
　　　　　杨　阳　苏旺苍　闵　红　周新强　郭予新
　　　　　郭淑媛　屠长征　鲁传涛　楚桂芬

金盾出版社

内 容 提 要

本书以大量照片为主，配以简要文字，详细地介绍了小麦田如何正确使用除草剂。内容包括：小麦田主要杂草，小麦田除草剂应用技术，小麦田杂草防治技术。本书内容丰富，文字通俗易懂，照片清晰、典型，适合广大农户参考使用。

图书在版编目(CIP)数据

小麦除草剂使用技术图解/张玉聚等主编 . -- 北京 ：金盾出版社,2012.8
ISBN 978-7-5082-7280-1

Ⅰ. ①小… Ⅱ. ①张… Ⅲ. ①小麦—田间管理—除草剂—农药施用—图解 Ⅳ. ①S451.22-64

中国版本图书馆 CIP 数据核字(2011)第 221209 号

金盾出版社出版、总发行
北京太平路 5 号(地铁万寿路站往南)
邮政编码：100036 电话：68214039 83219215
传真：68276683 网址：www.jdcbs.cn
北京蓝迪彩色印务有限公司印刷、装订
各地新华书店经销
开本：850×1168 1/32 印张：3.5 字数：30 千字
2012 年 8 月第 1 版第 1 次印刷
印数：1～8 000 册 定价：15.00 元

前　言

农田杂草是影响农作物丰产丰收的重要因素。杂草与作物共生并竞争养分、水分、光照与空气等生长条件，严重影响着农作物的产量和品质。在传统农业生产中，主要靠锄地、中耕、人工拔草等方法防除草害，这些方法工作量大、费工、费时，劳动效率较低，而且除草效果不佳。杂草的化学防除是克服农田杂草危害的有效手段，具有省工、省时、方便、高效等优点。除草剂是社会、经济、技术和农业生产发展到一个较高水平和历史阶段的产物，是人们为谋求高效率、高效益农业的重要生产资料，是高效优质农业生产的必要物质基础。

近年来，随着农村经济条件的改善和高效优质农业的发展，除草剂的应用与生产发展迅速，市场需求不断增加；然而，除草剂产品不同于其他一般性商品，除草剂应用技术性强，它的应用效果受到作物、杂草、时期、剂量、环境等多方面因素的影响，我国除草剂的生产应用问题突出，药效不稳、药害频繁，众多除草剂生产企业和营销推广人员费尽心机，不停地与农民为药效、药害矛盾奔波，严重地制约着除草剂的生产应用和农业的发展。

除草剂应用技术研究和经营策略探索，已经成为除草剂行业中的关键课题。近年来，我们先后主持承担了国家和河南省多项重点科技项目，开展了除草剂应用技术研究；同时，深入各级经销商、农户、村庄调研除草剂的营销策略、应用状况、消费心理；并与多家除草剂生产企业开展合作，进行品种的营销策划实践。本套丛书是结合我们多年科研和工作经验，并查阅了大量的国内外文献而编写成的，旨在全面介绍农田杂草的生物学特点和发生规律，系统阐述除草剂的作用原理和应用技术，深入分析各地农田杂草的发生规律、防治策略和除草剂的安全高效应用技巧，有效地推动除草剂的生产与应用。该书主要读者对象是各级农业技术推广人员和除草剂经销服务人员；同时也供农民技术员、农业科研人员、农药厂技术研发和推广销售人员参考。

　　除草剂是一种特殊商品，其技术性和区域性较强，书中内容仅供参考。建议读者在阅读本书的基础上，结合当地实际情况和杂草防治经验进行试验示范后再推广应用。凡是机械性照搬本书，不能因地制宜地施药而造成的药害和药效问题，请自行承担。由于作者水平有限，书中不当之处，诚请各位专家和读者批评指正。

编著者

目 录

第一章 小麦田常见杂草种类

一、小麦田主要杂草

1.播娘蒿 *Descurainia sophia* S.

【识别要点】 成株高30～100厘米，上部多分枝。叶互生，2～3回羽状全裂。总状花序顶生，花多数；花瓣4，淡黄色。长角果（图1-1，图1-2）。

图1-1 单 株

图1-2 花

【生物学特性】 播娘蒿为越年生或一年生草本植物，种子繁殖。以幼苗或种子越冬。华北地区主要集中在9～10月份出苗，早春也有少数出苗，4～5月份为花期，5～6月份为果期。单株可结数千或数万粒种子，种子边成熟边脱落。繁殖能力较强。是危害小麦的恶性杂草。

2.荠 菜 *Capsella bursa-pastoris* M.

【识别要点】 茎直立，有分枝，高20～50厘米。基生叶莲座状，大头羽状分裂；茎生叶狭披针形至长圆形，基部抱茎，边缘有缺刻或锯齿。总状花序顶生和腋生；花瓣4，白色。短角果，倒心形（图1-3，图1-4）。

【生物学特性】 种子繁殖，一年生或二年生草本。10～11月份出苗。花期3～4月份，果期5～6月份，种子量很大，繁殖力强。该杂草是华北地区麦田主要杂草。

图1-3 单 株

图1-4 幼 苗

3.猪 殃 殃 *Galium aparine* L.

【识别要点】 茎四棱形，茎和叶均有倒生细刺。叶6～8片轮生，线状倒披针形，顶端有刺尖。聚伞花序顶生或腋生（图1-5，图1-6）。

【生物学特性】　种子繁殖，以幼苗或种子越冬，二年生或一年生蔓状或攀缘状草本。多于冬前9～10月份出苗，亦可在早春出苗；4～5月份现蕾开花。为夏熟旱作物田恶性杂草。

图1-5　单　株　　　图1-6　花　序

4.泽　漆 *Euphorbia helioscopia* L.

【识别要点】　株高10～30厘米，茎自基部分枝。叶互生，倒卵形或匙形。多歧聚伞花序（图1-7，图1-8）。

【生物学特性】　种子繁殖，幼苗或种子越冬。10月下旬至11月上旬发芽，早春发苗较少。4月下旬开花，5月中下旬果实渐次成熟。

图1-7　单　株　　　　图1-8　幼　苗

5.婆婆纳 *Veronica didyma* T.

【识别要点】 茎自基部分枝成<u>丛</u>，纤细，匍匐或向上斜生。叶对生，具短柄；叶片三角状圆形，边缘有稀钝锯齿。总状花序顶生；苞片叶状，互生，花生于苞腋，花梗细长；花萼4片，深裂，花冠淡紫色，有深红色脉纹。蒴果近肾形（图1-9，图1-10）。

【生物学特性】 种子繁殖，越年生或一年生杂草。9～10月份出苗，早春发生数量极少，花期3～5月份，种子于4月即渐次成熟。

图1-9 花

图1-10 单 株

6.麦家公 *Lithospermum arvense* L.

【识别要点】 高20～40厘米，茎直立或斜升，茎的基部或根的上部略带淡紫色，被糙状毛。叶倒披针形或线形。聚伞花序，花萼5裂至近基部，花冠白色或淡蓝色，筒部5裂。小坚果（图1-11，图1-12）。

【生物学特性】　种子繁殖，一年生草本。秋冬或翌年春出苗，花果期 4～5 月份。

图 1-11　花

图 1-12　单　株

7.佛座 *Lamium amplexicaule* L.

【识别要点 】高 10～30 厘米。基部多分枝。叶对生，下部叶具长柄，上部叶无柄，圆形或肾形，半抱茎，边缘具深圆齿，两面均疏生小糙状毛。轮伞花序 6～10 花；花萼管状钟形，萼齿 5，花冠紫红色（图 1-13，图 1-14）。

【生物学特性 】一年生或二年生草本，种子繁殖。10 月份出苗，花期 3～5 月份，果期 6～8 月份。

图 1-13　花　　　　　　　图 1-14　单　株

8.牛繁缕 *Malachium aquaticum* L. (鹅儿肠、鹅肠菜)

【识别要点】 茎带紫色,茎自基部分枝,上部斜立,下部伏地生根。叶对生,卵形或宽卵形。聚伞花序顶生,花梗细长,萼片5,基部略合生,花瓣5,白色。蒴果卵形或长圆形,种子近圆形,深褐色(图1-15,图1-16)。

【生物学特性】 一至二年生或多年生草本植物。种子和匍匐茎繁殖。在黄河流域以南地区多于冬前出苗,以北地区多于春季出苗。花果期5~6月份。繁殖能力较强。

图1-15　花

图1-16　单　株

9.大巢菜 *Vica sativa* L.

【识别要点】 常以叶轴卷须攀附,高25~50厘米,茎上具纵棱。偶数羽状复叶,椭圆形或倒卵形,先端截形,凹入,有细尖,基部楔形,叶顶端变为卷须;托叶戟形。花1~2朵,腋生,萼钟状,萼齿5个;花冠紫色或红色。荚果(图1-17,图1-18)。

【生物学特性】 种子或根芽繁殖。二年或一年生蔓性草本。苗期11月份至翌年春,花果期3～6月份。

图1-17　花

图1-18　单　株

10.看麦娘 *Alopecurus aequalis* Steud

【识别要点】　簇生或单生;幼苗细弱。全体光滑无毛,叶鞘松弛,叶片柔软,叶舌膜质,叶片近直立。秆直立,纤细,基部常膝曲,高15～45厘米。圆锥花序穗状,花药橙黄色(图1-19,图1-20)。

图1-19　穗

图1-20　单　株

【生物学特性】 种子繁殖。8月中、下旬开始出苗，10月底达到出苗高峰期，幼苗或种子越冬，3～5叶时开始分蘖。看麦娘的生长繁殖习性同大、小麦相似，麦收时种子落到田间，随耕翻入土，在土壤中越冬越夏。多生长在稻区中性至微酸性黏土和壤土的低、湿麦田。

11. 日本看麦娘 *Alopecurus japonicus* Steud

【识别要点】 株高30～90厘米。叶片粉绿色，质软，3条直出平行叶脉，叶舌膜质三角形。圆锥花序较粗大，花药灰白色（图1-21，图1-22）。

【生物学特性】 种子繁殖，以幼苗或种子越冬，9月中旬开始出苗，10～11月达发生高峰期，4月下旬至5月下旬抽穗开花成熟。

图1-21 穗

图1-22 单株

12.野燕麦 *Avena fatua* Linn.

【识别要点】 秆直立，光滑，高60~120厘米，有2~4节。叶鞘光滑或基部有毛；叶舌通明膜质，叶片扁平，长11~30厘米，宽4~12毫米，微粗糙。圆锥花序长10~25厘米，分枝有角棱，粗糙；小穗有2~3小花，小穗轴的节间易断落，通常密生硬毛（图1-23，图1-24）。

【生物学特性】 10~11月份出苗，部分地区在翌春麦苗返青后的3月份还能形成一次野燕麦出苗的小高峰。繁殖力很强。

图1-24 幼 苗

图1-23 单 株

13.硬草 *Sclerochloa kengiana* T.

【识别要点】 秆直立或基部偃卧，具3节，节较肿胀。叶鞘平滑，有脊；叶舌膜质，叶片宽条形。花序圆锥状较密集而紧缩，坚硬直立，分枝双生，常1长1短（图1-25，图1-26）。

【生物学特性】 一年生或越年生草本，种子繁殖。在秋季麦播后3~5天开始出苗，翌春3月份再出现一个出苗小高峰。4月上旬抽穗开花，5月下旬颖果成熟。

图 1-25 幼　苗

图 1-26 单　株

14. 菵草 *Beckmannia syzigachne* (Steud.) F.

【识别要点】　秆丛生，直立，不分枝，高 15～90 厘米，具 2～4 节。叶鞘无毛，多长于节间；叶片阔条形，叶舌透明膜质。圆锥花序，狭窄，分枝稀疏，直立或斜生；小穗两侧压扁，近圆形，灰绿色（图 1-27，图 1-28）。

图 1-27 单　株

图 1-28 穗

【生物学特性】　种子繁殖，一年生或越年生草本，冬前或早春出苗，花果期4~5月，5~6月成熟。

15.节节麦 *Aegilops squarrosa* L.

【识别要点】　须根细弱。秆高20~40厘米，丛生，基部弯曲，叶鞘紧密包秆，平滑无毛而边缘有纤毛；叶舌薄膜质。穗状花序圆柱形，含小穗5~10枚，成熟时逐节脱落；小穗圆柱形，先端截平（图1-29，图1-30）。

【生物学特性】　一年生草本。花果期5~6月份。种子繁殖。

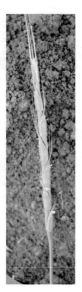

图1-29　穗

图1-30　单　株

16.麦田常见其他杂草

小麦田常见其他杂草种类见图1-31至图1-42。

图1-31 小 蓟

图1-32 稻槎菜

图1-33 米瓦罐

图1-34 狼紫草

图1-35　薄　菜

图1-36　遏蓝菜

图1-37　王不留行

图1-38　离子草

图1-39　小花糖芥

图1-40　鼠掌老鹳草

图1-41　通泉草

图1-42　碎米荠

二、小麦田杂草的发生规律

麦田杂草在田间萌芽出土的高峰期一般以冬前为多，个别年份或个别杂草种类在翌年返青期还可以出现一次小高峰。麦田杂草的发生规律(图1-43)。一般情况下杂草出苗高峰期都在小麦播种后15~20天，即10月下旬至11月中旬是麦田杂草出苗高峰期，冬前出苗的杂草约占杂草总数的95%，部分杂草在翌年的3月间还可能出现一次小的出苗高峰期。但是，麦田杂草的发生与播种期、土壤状况关系较大，多种环境条件影响着麦田杂草的发生量和发生期。

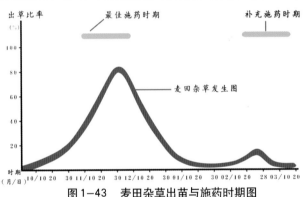

图1-43　麦田杂草出苗与施药时期图

通过大量试验观察，麦田杂草防治适期有3个时期。小麦播种后出苗前是麦田杂草防治的一个重要时期，小麦幼苗期(11月中下旬)是防治麦田杂草的最佳时期，小麦返青期(2月下旬至3月中旬)是麦田杂草防治的补充时期。小麦幼苗期施药效果最佳，此时杂草已基本出土，麦苗较小，杂草组织幼嫩、抗药性弱，气温较高(日平均温度在10℃以上)，药剂能充分发挥药效。这3个时期杂草的发生特点和小麦生长情况、环境条件差别较大，必须正确选择除草剂种类和施药方法。

第二章 小麦田农药应用技术

一、小麦田主要除草剂应用技术

(一)麦田主要除草剂性能比较

在麦田登记使用的除草剂单剂共40多个。以化学结构来分类，苯氧羧酸类和苯甲酸类有7个，磺酰脲类和磺酰胺类有20多个，杂环类5个，取代脲类3个，其他7个。以苯磺隆、2甲4氯钠盐、噻磺隆、苄嘧磺隆、异丙隆、精噁唑禾草灵、氯氟吡氧乙酸等的使用量较大。以防除对象来分，以防除阔叶杂草的品种较多，防除禾科杂草的较少；以施药时间来分，苗后茎叶处理为主，见表2-1。麦田登记的除草剂复配剂种类较少。

表2-1 几种主要除草剂的除草谱和除草效果比较（克，毫升/667米²）

药 剂	剂 量	看麦娘	播娘蒿	荠菜	猪殃殃	佛座	泽漆	牛繁缕	大巢菜
72%2，4-滴丁酯乳油	50	无	优	优	中	中	良	差	中
20%2甲4氯钠盐水剂	150	无	优	优	中	中	良	差	中
48%麦草畏水剂	30	无	优	优	差	中	中	差	中
25%溴苯腈乳油	150	无	优	优	良	良	差	优	优
20%氯氟吡氧乙酸乳油	50	无	优	优	优	良	优	优	优
5.8%双氟·唑嘧草胺悬浮剂	10	无	优	优	优	良	差	优	优
3%甲基二磺隆油悬剂	30	优	优	优	良	良	良	良	良
10%苄嘧磺隆可湿性粉剂	30	无	优	优	良	良	良	优	优
15%噻磺隆可湿性粉剂	15	无	优	优	良	良	差	优	良
10%苯磺隆可湿性粉剂	15	无	优	优	良	良	差	优	良

续表2—1

药 剂	剂 量	看麦娘	播娘蒿	荠菜	猪殃殃	佛座	泽漆	牛繁缕	大巢菜
15%炔草酯可湿性粉剂	20	优	—	—	—	—	—	—	—
50%异丙隆可湿性粉剂	120	中	优	优	差	良	中	优	差
40%氟唑草酮干燥悬浮剂	4	无	优	优	优	优	优	优	优
10%精恶唑禾草灵乳油	50	优	—	—	—	—	—	—	—

(二)磺酰脲类与磺酰胺类除草剂

磺酰脲类除草剂于1975年发现，现已商品化30多个，是除草剂新品种开发最活跃、最重要的领域。

1.磺酰脲类与磺酰胺类除草剂的作用特点　可以为杂草的根、茎、叶吸收，可以土壤处理和茎叶处理，使用方便。该类除草剂主要作用靶标是乙酰乳酸合成酶，从而抑制蛋白质合成和生物合成。这类药既不影响细胞伸长，也不影响种子发芽及出苗，其高度专化效应是抑制植物细胞分裂，使植物生长受抑制。植物受害后幼嫩组织失绿，有时显现紫色或花青素色，生长点坏死、植物生长严重受抑制、矮化、最终全株枯死。该类除草剂作用迅速，杂草受害后生长迅速停止，而杂草全株彻底死亡所需时间较长，一般需要2~4周(图2-1)。该类药剂在土壤中能迅速被土壤微生物分解，一般在土壤中的持效期40~60天，在碱性环境条件下降解缓慢，而酸性土壤条件下的降解速度较快。

2.磺酰脲类与磺酰胺类除草剂的防治对象　该类除草剂有很多品种。苯磺隆、噻磺隆、苄嘧磺隆、酰嘧磺隆、氟唑磺隆、醚苯磺隆、磺酰磺隆、环丙嘧磺隆、唑嘧磺草胺、双氟磺草胺，主要用于防除阔叶杂草，具体防治效果比较见表2-2；甲基二磺隆、氟酮磺隆、氟啶嘧磺隆、磺酰磺隆，主要用于防除禾本科杂草，也能防治部分阔叶杂草，具体防治效果比较见表2-3；甲磺隆、绿磺隆、单嘧磺隆、甲硫嘧磺隆、碘甲磺隆钠盐，可以有效防治多种一年生阔叶杂草和部分禾本科杂草，具体防治效果比较见表2-4；杂草防治效果症状比较(图2-2至图2-24)。

图 2-1 噻磺隆施药后播娘蒿的中毒死亡过程

表 2-2 苯磺隆、噻磺隆和苄嘧磺隆等对麦田主要杂草防治效果比较

效果突出(90%以上)的杂草	播娘蒿、荠菜、碎米荠菜、遏蓝菜、野油菜等十字花科杂草、牛繁缕、繁缕、藜、独行菜、委陵菜
效果较好(70%～90%以上)的杂草	猪殃殃、佛座、婆婆纳、米瓦罐、麦家公、大巢菜、卷耳
效果较差(40%～70%以上)的杂草	蚤缀、泥胡菜、地肤、扁蓄
效果极差(40%以下)的杂草	泽漆、通泉草、田旋花、小蓟、问荆

表 2-3 甲基二磺隆等对麦田主要杂草的防治效果比较

效果突出(90%以上)的杂草	看麦娘、野燕麦、硬草、棒头草、播娘蒿、荠菜
效果较好(70%～90%以上)的杂草	菵草、早熟禾、日本看麦娘、蜡烛草、碱茅、节节麦
效果较差(40%～70%以上)的杂草	雀麦(野麦子)
效果极差(40%以下)的杂草	婆婆纳、猪殃殃、佛座

表2-4　甲磺隆等对麦田主要杂草的防治效果比较

效果突出(90%以上)的杂草	播娘蒿、荠菜、牛繁缕、大巢菜、遏蓝菜、野油菜、碎米荠菜
效果较好(70%~90%以上)的杂草	婆婆纳、麦家公、佛座、藜、猪殃殃、看麦娘、野燕麦、硬草
效果较差(40%~70%以上)的杂草	茼草、早熟禾、日本看麦娘
效果极差(40%以下)的杂草	蓟、问荆、田旋花

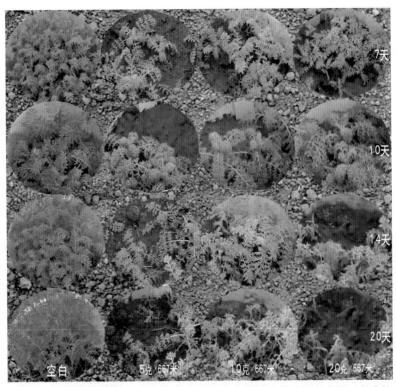

图2-2　10% 苯磺隆可湿性粉剂不同剂量防治播娘蒿的效果和中毒死亡症状比较　苯磺隆对播娘蒿防效突出，施药后 7 天，心叶和部分下部叶片明显黄化，植株矮化，生长受到明显抑制。施药后 2~3 周播娘蒿开始大量死亡

图2-3 10％苯磺隆可湿性粉剂防治猪殃殃的死亡过程 在猪殃殃幼苗期施用苯磺隆具有较好的防治效果，施药后6天开始出现中毒症状，部分叶片黄化，植株矮化，生长受到抑制，逐渐死亡

图2-4 10％苯磺隆可湿性粉剂不同剂量防治猪殃殃的效果和中毒死亡症状比较 苯磺隆对猪殃殃各剂量下的效果均不理想，施药后9天部分叶片黄化，植株矮化，生长受到抑制；以后缓慢生长，重者只有部分死亡

图2-5 15％噻磺隆可湿性粉剂不同剂量防治猪殃殃的效果和中毒死亡症状比较 噻磺隆对猪殃殃各剂量下的效果均不理想，施药后9天部分叶片黄化，植株矮化，生长受到抑制；重者部分死亡

图2-6 15％噻磺隆可湿性粉剂不同剂量防治佛座的效果和中毒死亡症状比较 在佛座幼苗期施药可以取得较好的防治效果，施药后7天佛座的生长受到明显的抑制，高剂量下2～4周后开始逐渐死亡

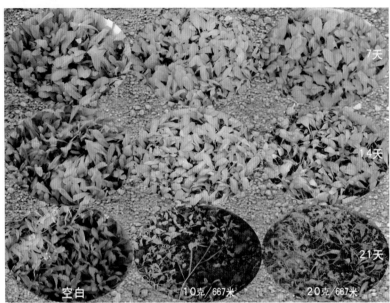

图2-7　10％苯磺隆可湿性粉剂不同剂量防治荠菜的效果和中毒死亡症状比较　苯磺隆对荠菜效果突出，施药后第7天部分叶片黄化，植株明显矮化，生长受到抑制；施药后第14天荠菜开始死亡

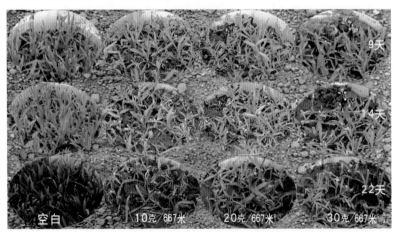

图2-8　15％噻磺隆可湿性粉剂防治米瓦罐的中毒死亡症状　噻磺隆对米瓦罐具有较好的防治效果，施药后第5～9天部分叶片黄化、生长受到抑制；2～3周以后缓慢死亡

图2-9 15%噻磺隆可湿性粉剂不同剂量防治婆婆纳的效果和中毒死亡症状比较 噻磺隆对较大的婆婆纳防治效果较差,施药后第7天婆婆纳的生长受到抑制,以后低剂量处理婆婆纳生长受抑制,高剂量下2~4周部分死亡,防治效果不理想

图2-10 10%苯磺隆可湿性粉剂不同剂量防治泽漆的效果和中毒死亡症状比较 苯磺隆对泽漆效果较差,但高剂量下也有一定的抑制作用,施药后第10天即表现出较明显的抑制作用,植株矮化,生长受到抑制,高剂量下部分死亡

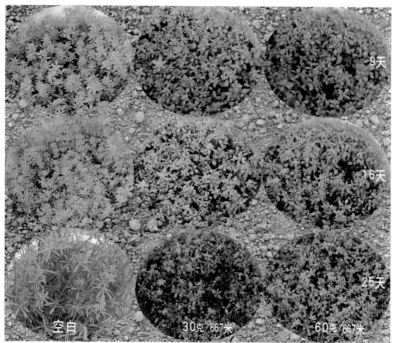

图 2-11　10％苄嘧磺隆可湿性粉剂不同剂量防治猪殃殃的效果和中毒死亡症状比较　苄嘧磺隆对猪殃殃具有较好的防治效果，施药后第9天部分叶片黄化、植株矮化，生长受到抑制，以后缓慢死亡

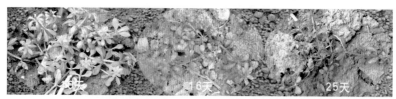

图 2-12　10％苄嘧磺隆可湿性粉剂30克／667米²防治猪殃殃的死亡过程　在猪殃殃苗期施用苄嘧磺隆具有较好的防治效果，施药后第6天开始出现中毒症状，部分叶片黄化、植株矮化，生长受到抑制，以后逐渐死亡

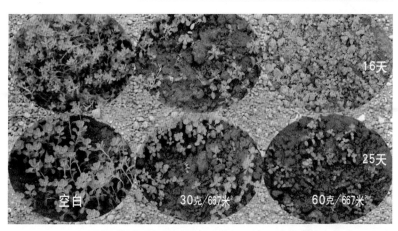

图2-13　10％苄嘧磺隆可湿性粉剂不同剂量防治泽漆的效果和中毒死亡症状比较　苄嘧磺隆对泽漆具有较好的抑制效果，施药后第9天生长受到明显地抑制、植株矮化，可以较好地抑制泽漆的生长与危害

图2-14　3％甲基二磺隆油悬剂30毫升／667米²生长期施药防治看麦娘的效果和中毒死亡过程　在正常温度下，甲基二磺隆在看麦娘生长期施药后4～5天生长即受到抑制，7～14天后开始叶片黄化，2～4周以后逐渐枯萎死亡

小麦 除草剂使用技术图解

图2-15　3%甲基二磺隆油悬剂生长期施药防治看麦娘的效果和中毒死亡症状比较　甲基二磺隆在看麦娘生长期施药具有突出的效果，施药后4～5天生长即受到抑制，叶片黄化，2周以后逐渐枯萎死亡

图2-16　3%甲基二磺隆油悬剂生长期施药防治硬草的效果和中毒死亡症状比较　甲基二磺隆在硬草生长期施药具有突出的效果，施药后4～5天生长即受到抑制，2周以后叶片黄化，逐渐枯萎死亡

图 2-17 3％甲基二磺隆油悬剂 40 毫升 /667 米² 生长期施药防治野燕麦的效果和中毒死亡过程 在正常温度下，甲基二磺隆在野燕麦生长期施药后 5～7 天生长即受到抑制，7～14 天后开始叶片黄化，2～4 周以后逐渐枯萎死亡

图 2-18 3％ 甲基二磺隆油悬剂生长期施药防治猪殃殃的效果和中毒死亡症状比较 甲基二磺隆对猪殃殃效果较差，施药后生长受到抑制

图 2-19　3％甲基二磺隆油悬剂生长期施药防治野燕麦的效果和中毒死亡症状比较　甲基二磺隆在野燕麦生长期施药具有突出的效果，施药后 10 天生长即受到抑制，2 周以后叶片黄化，逐渐枯萎死亡

图 2-20　3％甲基二磺隆油悬剂生长期施药防治播娘蒿的效果和中毒死亡症状比较　甲基二磺隆在播娘蒿生长期施用防效突出，施药后 5～7 天生长即受到抑制，以后叶片黄化，并逐渐枯萎死亡

图 2-21　3％甲基二磺隆油悬剂生长期施药防治麦家公的效果和中毒死亡症状比较　甲基二磺隆对麦家公效果较差，施药后生长受到抑制

图2-22　3%甲基二磺隆油悬剂生长期施药防治菌草的效果和中毒死亡症状比较　甲基二磺隆在菌草较大时施药效果较差，施药后生长即受到抑制，高剂量下2~4周以后逐渐枯萎死亡

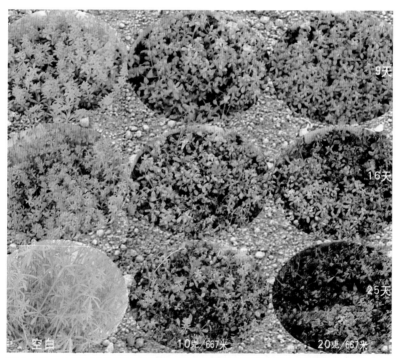

图2-23　10%绿磺隆可湿性粉剂不同剂量防治猪殃殃的效果和中毒死亡症状比较　绿磺隆对猪殃殃效果不好，各剂量下的效果均不理想，施药后第9天部分叶片黄化、植株矮化，生长受到抑制，以后缓慢生长，重者部分死亡

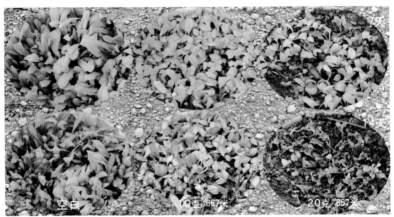

图2-24 10％绿磺隆可湿性粉剂不同剂量防治荠菜的效果和中毒死亡症状比较 绿磺隆对荠菜效果突出，各剂量下均表现突出的效果，施药后第7天部分叶片黄化、植株明显矮化，生长受到抑制，施药后14天荠菜开始死亡

3.磺酰脲类与磺酰胺类除草剂的使用技术 在小麦幼苗期，阔叶杂草2～4叶期，用10％苯磺隆可湿性粉剂10～30克/667米²或15％噻磺隆可湿性粉剂15～30克/667米²或10％苄嘧磺隆可湿性粉剂30～40克/667米²，对水35升均匀喷施。该类除草剂活性高、药量低，施用时应严格药量，并注意与水混匀。施药时要注意避免药剂飘移到敏感的阔叶作物上。该类除草剂对后茬作物造成的药害症状(图2-25至图2-27)，详细应用技术见第三章杂草防治策略。

图2-25 麦棉套作田，在小麦返青期使用(10％苯磺隆可湿性粉剂15克/667米²)后棉花的田间药害表现(左边为空白对照，右边为药害棉花生长情况) 受害后棉花生长受到抑制

图2-26 麦棉套作田在小麦返青期使用（10％苯磺隆可湿性粉剂15克／667米²）后棉花的药害表现（左边为空白对照，右边为药害棉花生长情况） 受害后棉花生长受到抑制，心叶细小黄化

图2-27 麦花生轮套作田，在小麦返青期使用（10％苯磺隆可湿性粉剂15克／667米²）后花生的田间药害表现（左边为空白对照，右边为药害花生生长情况）受害后花生生长受到抑制

（三）苯氧羧酸类与苯甲酸类除草剂

苯氧羧酸类与苯甲酸类除草剂是一类重要的除草剂。虽然该类除草剂应用历史较长，但目前在生产中仍发挥着重要的作用，麦田常用的品种有2甲4氯钠盐、2,4-滴丁酯和麦草畏，近几年市场上还有2甲4氯胺盐、2,4-滴异辛酯、2,4-滴二甲胺盐等品种。

1．苯氧羧酸类与苯甲酸类除草剂的作用特点 苯氧羧酸类除草剂可被阔叶杂草的茎叶迅速吸收，既能通过木质部导管与蒸腾流一起传导，也能与光合作用产物结合在韧皮部的筛管内传导，并在植物的分生组织(生长点)中积累。几乎影响植物的每一种生理过程与生物活性。导致植物形态的普遍变化是：叶片向上或向下卷缩，叶柄、茎、叶、花茎扭转与弯曲，茎基部肿胀，生出短而粗的次生根、茎、叶褪色、变黄、干枯，茎基部组织腐烂，最后全株死亡，特别是植物的分生组织如心叶、嫩茎最易受害（如图2-28）。施于土壤中的苯氧羧酸类除草剂，主要通过土壤微生物进行降解，在温暖而湿润的条件下，它们在土壤中的残效期为1~4周，而在冷凉、干燥的气候条件下，残效期较长，可达1~2个月。

图2-28 72%2, 4-滴丁酯乳油50毫升/667米² 防治播娘蒿的中毒过程 2,4-滴丁酯防治播娘蒿药效比较迅速，一般在施药后1天即有中毒表现，3~5天杂草开始死亡，但是彻底死亡需要1~2周

2.苯氧羧酸类与苯甲酸类除草剂的防治对象 可以有效防治多种一年生阔叶杂草，对多年生阔叶杂草也有较好的抑制作用。具体防治对象见表2-5，杂草防治效果症状比较(图2-29至图2-39)。

表2-5 2,4-滴丁酯等对麦田主要杂草的防治效果比较

效果突出(90%以上)的杂草	播娘蒿、荠菜、离蕊荠、泽漆、遏蓝菜、藜、蓼
效果较好(70%~90%以上)的杂草	米瓦罐、繁缕
效果较差(40%~70%以上)的杂草	猪殃殃、麦家公、婆婆纳、佛座、小蓟、田旋花
效果极差(40%以下)的杂草	问荆、鼬瓣花、扁蓄

图2-29　20％2甲4氯钠盐水剂200毫升／667米²防治播娘蒿的中毒过程　2甲4氯钠盐防治播娘蒿药效比较迅速，一般在施药后1天即有中毒表现，4～6天杂草开始死亡，但是彻底死亡需要1～2周

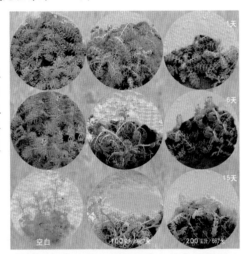

图2-30　20％2甲4氯钠盐水剂防治播娘蒿的效果比较　以2甲4氯钠盐能够防治播娘蒿，每亩200ml施药6天后播娘蒿开始死亡，低剂量下效果较差

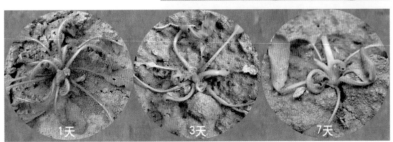

图2-31　72％2，4-滴丁酯乳油50毫升／667米²防治荠菜的中毒过程　2，4-滴丁酯可以防治荠菜，一般在施药1天后叶片即开始卷缩，3～5天后严重卷缩，以后萎缩死亡

图 2-32　72％2，4-滴丁酯乳油 50 毫升／667 米² 防治猪殃殃的中毒过程　2，4-滴丁酯防治猪殃殃施药 1 天后即开始明显卷缩，4～6 天后即开始恢复，防治效果较差

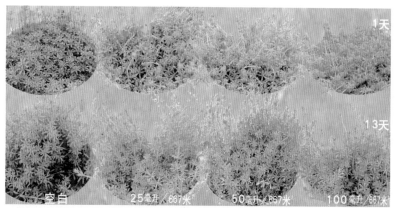

图 2-33　72％2，4-滴丁酯乳油防治猪殃殃的中毒过程　2，4-滴丁酯防治猪殃殃效果较差，施药 1 天后高剂量下有明显卷缩，4～6 天后即开始恢复，即使很高的剂量防治效果也很差

图 2-34　72％2，4-滴丁酯乳油 50 毫升／667 米 2 防治泽漆的中毒过程　2，4-滴丁酯可以防治泽漆，一般在施药 1 天后叶片即开始卷缩，3～5 天后严重卷缩，以后萎缩死亡

图2-35 20%2甲4氯钠盐水剂不同剂量防治泽漆的效果比较 以2甲4氯钠盐能够防治泽漆，每667平方米用药200～400ml，施药1～2周内泽漆严重卷缩，以后逐渐死亡，低剂量下效果较差

图2-36 20%2甲4氯钠盐水剂防防治麦家公的效果比较 2甲4氯钠盐防治麦家公的效果较差，施药后短时间内即茎叶出现轻度扭曲，2～3周生长恢复正常，防治效果较差

小麦 除草剂使用技术图解

图2-37　72%2，4-滴丁酯乳油防治佛座的效果比较　对佛座的防效较差，一般在施药1天后茎叶开始卷缩，施药后第9天卷缩部分有所减轻，难以有效防治，但生长受到抑制

图2-38　20%2甲4氯钠盐水剂防治卷耳的效果比较　防效较差，施药后短时间内即出现茎叶扭曲，生长受到明显抑制，但不至于死亡

图2-39 72%2,4-滴丁酯乳油防治婆婆纳的效果比较 2,4-滴丁酯对婆婆纳的效果较差,一般在施药1天后茎叶即开始卷缩,施药后第4~6天后生长受到抑制,以后高剂量下表现出一定的防治效果

3.苯氧羧酸类与苯甲酸类除草剂的使用技术 在小麦4叶期至拔节前,阔叶杂草幼苗期,用72%2,4-滴丁酯乳油40~60毫升/667米^2、20%2甲4氯钠盐水剂150~200毫升/667米^2,对水35升均匀喷施。小麦4叶期以前或拔节以后施药、或低温下施药易于发生药害(图2-40至图2-43)。施药应在无风或微风的天气喷药。施药时要注意避免药剂飘移到敏感的阔叶作物上。

图2-40 在小麦2~4叶期,过早施用2,4-滴丁酯后小麦的药害症状 小麦基部茎部叶扭曲,分蘖和生长受抑制(左边为空白对照,右边为施药处理)

图2-41 在小麦2~4叶期,过早施用2,4-滴丁酯后小麦的药害症状 小麦基部茎部叶扭曲,分蘖和生长受抑制

图2-42 在小麦拔节期,过晚施用2,4-滴丁酯后小麦的药害症状 小麦茎叶扭曲、不能正常抽穗(右边为空白对照,左边为施药处理)

图2-43 在小麦田过早或过晚施用2,4-滴丁酯后小麦的药害较轻时症状 小麦生长受抑制茎叶扭曲、分蘖减少、穗小、穗顶部籽粒不饱、产量下降(左边为空白对照,右边为施药处理)

(四)脲类除草剂

脲类除草剂应用历史较长,目前在生产中仍发挥着重要的作用,麦田常用的脲类除草剂品种异丙隆、绿麦隆等。

1.脲类除草剂的作用特点 选择性内吸传导型除草剂,主要通过植物的根系吸收,茎叶也可以少量吸收,抑制杂草的光合作用,使杂草饥饿而死亡,受害植物叶片褪绿,叶尖和心叶相继失绿,于施药后1~2周死亡(图2-44)。在土壤中的持效期与施用剂量、土壤湿度、耕作条件差异较大,秋季施药持效期可达2~3个月。

图2-44 在野燕麦生长田间喷施50%异丙隆可湿性粉剂150克/667米² 后中毒死亡过程 在野燕麦幼苗时期施用异丙隆,7天后野燕麦叶片开始黄化,叶尖叶缘处枯黄;施药2周叶片大量干枯,植株死亡

2.脲类除草剂的防治对象 可以防除一年生禾本科杂草和阔叶杂草(表2-6),杂草防治效果症状比较(图2-45至图2-50)。

表2-6 异丙隆对麦田主要杂草的防治效果比较

效果突出(90%以上)的杂草	看麦娘、硬草、野燕麦、播娘蒿、牛繁缕、荠菜、藜、碎米荠、蓼、扁蓄、繁缕
效果较好(70%~90%以上)的杂草	早熟禾、菵草、野油菜、猪殃殃
效果较差(70%以下)的杂草	婆婆纳、大巢菜、田旋花、问荆、小蓟

图2-45　在看麦娘生长期喷施50%异丙隆可湿性粉剂后除草活性比较　在看麦娘幼苗期施用异丙隆的效果突出，施药后7～10天开始出现中毒症状，杂草黄化，生长开始受到抑制，以后逐渐黄化、枯死，以100克／667米²即可达到较好的除草效果

图2-46　在播娘蒿生长期喷施50%异丙隆可湿性粉剂后中毒死亡过程　在播娘蒿幼苗期施用异丙隆，5～7天后播娘蒿叶片开始黄化，叶尖叶缘处枯黄；施药2周后大量黄化、枯死，防治效果较好

图2-47　在硬草生长期喷施50%异丙隆可湿性粉剂后除草活性比较　在硬草幼苗期施用异丙隆的效果较好，施药后5～10天生长受到抑制，叶片大量黄化，施药2～4周后大量黄化、枯死，以100～200克／667米²即可达到较好的除草效果

图2-48　在菵草生长期喷施50％异丙隆可湿性粉剂后除草活性比较　在菵草幼苗期施用异丙隆2周后生长受到抑制，叶片开始黄化，以后高剂量区效果逐渐死亡，一般情况下200克/667米²以上才能达到较好的除草效果

图2-49　在猪殃殃生长期喷施50％异丙隆可湿性粉剂后除草活性比较　在猪殃殃生长期施用异丙隆有一定的效果，施药后7～14天后猪殃殃叶片枯黄、生长受到抑制；施药2～3周后大量叶片枯死

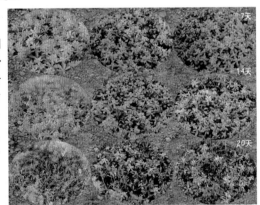

图2-50　在野燕麦生长期喷施50％异丙隆可湿性粉剂后除草活性比较　在幼苗期施用异丙隆的效果一般，施药2周后生长受到抑制，叶片大量黄化，施药2～4周后大量黄化、枯死，以200克/667米²即可达到较好的除草效果

3.脲类除草剂的使用技术　播后苗前处理，小麦播种后覆土至出苗前，用50%异丙隆可湿性粉剂125～150克/667米²、或25%绿麦隆可湿性粉剂200～300克/667米²，加水40升，喷雾土表。苗后处理，小麦3叶期至分蘖末期，杂草1～3叶期，用50%可湿性粉剂125～175克/667米²，加水40升于杂草茎叶喷施。

（五）芳氧基苯氧基丙酸类除草剂

芳氧基苯氧基丙酸类除草剂是麦田防治禾本科杂草的一类重要除草剂，代表品种有精恶唑禾草灵和炔草酸。炔草酸对麦田禾本科杂草防效显著优于精恶唑禾草灵。

1.芳氧基苯氧丙酸类除草剂的作用特点　芳氧基苯氧基丙酸类除草剂是苗后茎叶处理剂，可以为植物茎叶吸收，具有内吸和局部传导的作用。作用部位是植物的分生组织，对幼嫩分生组织的抑制作用强，主要作用机制是抑制乙酰辅酶A合成酶，从而干扰脂肪酸的生物合成，影响植物的正常生长。一般于施药后48小时即开始出现药害症状，生长停止、心叶和其它部位叶片变紫、变黄，7～15天后全株逐渐枯萎死亡。本品中加入安全剂，对小麦安全。此类除草剂在土壤中无活性，进入土壤中即无效。

2.芳氧基苯氧基丙酸类除草剂的防治对象　芳氧基苯氧基丙酸可以防治一年生和多年生禾本科杂草，对阔叶杂草无效，具体防治效果见表2-7。杂草防治效果症状比较（图2-51至图2-57）。

表2-7　精恶唑禾草灵和炔草酸对麦田主要杂草的防治效果比较

效果突出(90%以上)的杂草	看麦娘、野燕麦、硬草
效果较好(70%～90%以上)的杂草	菵草、日本看麦娘、节节麦
效果较差(40%～70%以上)的杂草	早熟禾
效果极差(40%以下)的杂草	狗牙根、白茅、芦苇

图2-51 10％精恶唑禾草灵乳油防治野燕麦的效果比较 精恶唑禾草灵防治野燕麦的效果较好，施药后1～2周茎叶黄化、节点坏死，以后逐渐枯萎死亡

图2-52 15％炔草酸可湿性粉剂防治野燕麦的效果比较 炔草酸可以有效防治野燕麦，施药后5～10天高剂量处理茎叶开始黄化、茎节点变褐，10天后中高剂量处理开始大量黄化、死亡

图2-53 10％精恶唑禾草灵乳油防治日本看麦娘的效果比较 精恶唑禾草灵防治日本看麦娘的效果较差，施药后5～10天高剂量处理茎叶开始黄化、茎节点变褐，10天后高剂量处理开始大量黄化，以后高剂量处理逐渐枯萎死亡，低剂量下效果较差

小麦 除草剂使用技术图解

图2-54 10％精恶唑禾草灵乳油防治硬草的效果比较 精恶唑禾草灵防治硬草，施药后5～10天高剂量处理茎叶开始黄化、茎节点变褐，10天后中高剂量处理开始大量黄化、死亡，低剂量下效果较差

图2-55 10％精恶唑禾草灵乳油防治看麦娘的效果比较 精恶唑禾草灵防治看麦娘的效果较好，施药后5～10天茎叶黄化、节点坏死，10天后高剂量处理开始大量枯萎，以后逐渐枯萎死亡

图2-56 在小麦生长期，过量喷施6.9％精恶唑禾草灵悬乳剂（加入安全剂）后的药害症状 受害小麦叶片黄化、叶片中部、叶基部出现黄斑，以后全株显示黄化，多数以后可恢复生长

图2-57 在小麦生长期,过量喷施6.9%精恶唑禾草灵悬乳剂(加入安全剂)15天后的药害症状 受害小麦叶片黄化、生长受到一定的抑制,但一般情况下对生长影响不大

3.芳氧基苯氧丙酸类除草剂的使用技术 小麦田,从杂草2叶期到拔节期均可施用,但以冬前杂草3～4叶期施用最好。冬前杂草3～4叶期,用10%精恶唑禾草灵(加入安全剂)乳油50～75毫升/667米²,加水30升喷雾;冬后施用,用10%精恶唑禾草灵(加入安全剂)乳油50～100毫升/667米²、或15%炔草酸可湿性粉剂15～20克/667米²,加水喷雾。防除麦田硬草、菵草、日本看麦娘时应抓住幼苗用药适期及时用药,用炔草酸效果较好。制剂中不含安全剂或安全剂量不足时不能用于麦田,否则会对小麦发生药害。

(六)氯氟吡氧乙酸

1.氯氟吡氧乙酸的作用特点 该药为内吸传导型苗后除草剂,可以被杂草茎叶迅速吸收并在体内传导,迅速进入分生组织,刺激细胞分裂加速进行,导致叶片、茎秆、根系扭曲变形,营养消耗殆尽,维管束内被堵塞或胀破。敏感杂草受药后2～3天内顶端萎蔫,出现典型的激素类除草剂反应,植株畸形、扭曲,直至整株杂草死亡。小麦等禾本科植物吸收后，不是被迅速分解，而是被其体内的一些尚未搞清楚的化合物转化成无毒物质，因此对小麦十分安全。本剂在土壤中淋溶性差，大部分在0～10厘米表土层中。有氧的条件下，在土壤微生物的作用很快降解成2－吡啶醇等无毒物，在土壤中的半衰期短，对后茬阔叶作物无不良影响。

2.氯氟吡氧乙酸的防治对象 可以有效防除麦田多数阔叶杂草(表2-8)。杂草防治效果症状比较(图2-58至图2-70)。

表2-8 氯氟吡氧乙酸对麦田主要杂草的防治效果比较

效果突出(90%以上)的杂草	猪殃殃、泽漆、牛繁缕、大巢菜、小藜、泥胡菜
效果较好(70%～90%以上)的杂草	播娘蒿、田旋花、米瓦罐、卷茎蓼、离蕊芥、卷耳、通泉草
效果较差(40%～70%以上)的杂草	蚤缀、婆婆纳、佛座
效果极差(40%以下)的杂草	麦家公、雪见草、益母草

空白　　25毫升/667米²　　50毫升/667米²　　100毫升/667米²

图2-58 20%氯氟吡氧乙酸乳油防治荠菜的效果比较 氯氟吡氧乙酸可以防治荠菜，施药后中毒症状表现较快，茎叶扭曲，以后高剂量下茎叶扭曲加重、枯萎、死亡

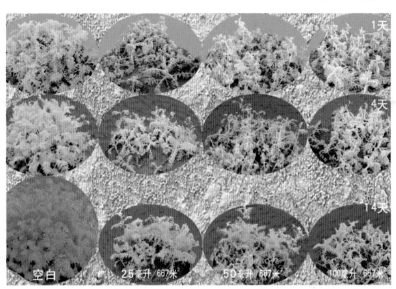

图2-59　20％氯氟吡氧乙酸乳油防治播娘蒿的效果比较　氯氟吡氧乙酸可以防治播娘蒿，田间施药后1天后播娘蒿即表现出中毒症状，茎叶扭曲，以后茎叶扭曲加重、枯萎、死亡，低剂量下效果较差，50～100毫升/667米²才能取得较好的防治效果

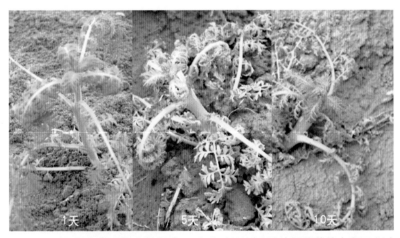

图2-60　20％氯氟吡氧乙酸乳油50毫升/667米²防治播娘蒿的中毒死亡过程　氯氟吡氧乙酸可以防治播娘蒿，施药后1天后播娘蒿即表现出中毒症状，茎叶扭曲，以后茎叶扭曲加重、枯萎、死亡

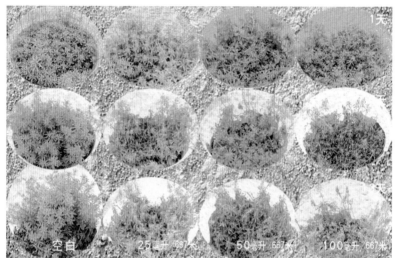

图 2-61　20% 氯氟吡氧乙酸乳油防治猪殃殃的效果比较　氯氟吡氧乙酸可以有效地防治猪殃殃，施药后中毒症状表现较快，茎叶扭曲，以后高剂量下茎叶扭曲加重、枯萎、死亡

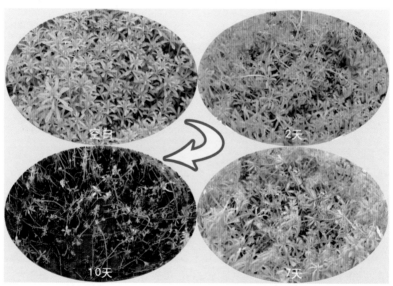

图 2-62　在猪殃殃较大时，施用苯磺隆 + 氯氟吡氧乙酸防治麦田猪殃殃死草症状效果比较

图 2-63　20％氯氟吡氧乙酸乳油 50 毫升／667 米² 防治猪殃殃的中毒死亡过程　氯氟吡氧乙酸可以防治猪殃殃，田间施药后 1～3 天后即表现出中毒症状，茎叶扭曲，以后茎叶扭曲加重、枯萎、死亡

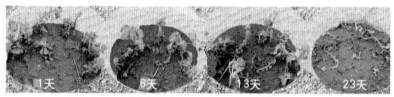

图 2-64　20％氯氟吡氧乙酸乳油 50 毫升／667 米² 防治泽漆的中毒症状过程　氯氟吡氧乙酸可以有效地防治泽漆，施药后 1～3 天后即表现出中毒症状，茎叶扭曲，以后茎叶扭曲加重、枯萎、死亡

图 2-65　20％氯氟吡氧乙酸乳油防治泽漆的效果比较　氯氟吡氧乙酸对泽漆效果突出，施药后中毒症状表现较快，茎叶扭曲，以后高剂量下茎叶扭曲加重、枯萎、死亡，低剂量下生长受到严重地抑制

图 2-66　20％氯氟吡氧乙酸乳油防治麦家公的效果比较　氯氟吡氧乙酸对麦家公效果较差，施药后中毒症状表现较快，茎叶扭曲，高剂量下茎叶扭曲加重、枯萎死亡，低剂量下生长受到抑制

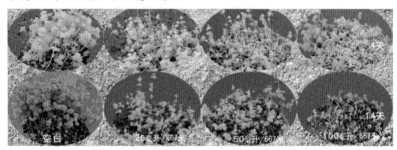

图 2-67　20％氯氟吡氧乙酸乳油防治佛座的效果比较　氯氟吡氧乙酸对佛座效果较差，施药后中毒症状表现较快，茎叶扭曲，低剂量下生长受到抑制，高剂量下茎叶扭曲加重、枯萎

图 2-68　20％氯氟吡氧乙酸乳油防治米瓦罐的效果比较　施药后中毒症状表现较快，茎叶扭曲，高剂量下茎叶扭曲加重、枯萎，生长受到严重抑制

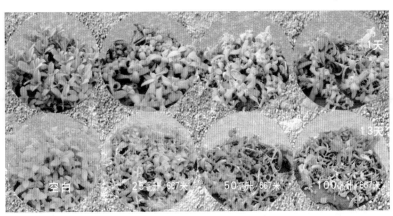

图2-69 20%氯氟吡氧乙酸乳油防治卷耳的效果比较 施药后中毒症状表现较快，茎叶扭曲，以后高剂量下茎叶扭曲加重、枯萎，生长受到严重抑制

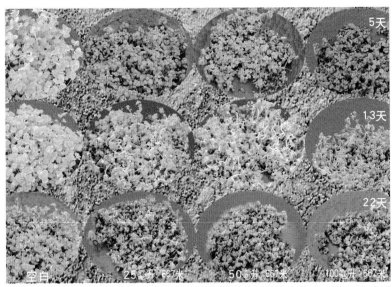

图2-70 20%氯氟吡氧乙酸乳油防治婆婆纳的效果比较 氯氟吡氧乙酸对婆婆纳的效果较差，施药后中毒症状表现较快，茎叶扭曲，高剂量下茎叶扭曲加重、部分枯萎死亡

3.氯氟吡氧乙酸的使用技术 冬小麦在返青期或小麦分蘖盛期至拔节期、杂草生长旺盛期用药，防效最佳。用20%乳油50～75毫升/667米^2，对水30升左右，均匀喷雾。在小麦4叶前或拔节后使用，易产生药害。施药作业时避免雾滴飘移至大豆、花生、甘薯和甘蓝等阔叶作物，以免产生药害。

(七)氟唑草酮和乙羧氟草醚

1.氟唑草酮和乙羧氟草醚的作用特点 触杀型选择性苗后茎叶处理除草剂，可以为杂草的茎叶吸收。通过对原卟啉氧化酶的抑制而抑制杂草的正常光合作用，受药后1天杂草即失绿、逐渐枯死。该药剂在土壤的持效期较短。

2.氟唑草酮和乙羧氟草醚的防治对象 可以防除多种阔叶杂草，具体防治效果见表2-9。杂草防治效果症状比较(图2-71至图2-82)。

表2-9　氟唑草酮主要杂草的防治效果比较

效果突出(90%以上)的杂草	猪殃殃、泽漆、播娘蒿、荠菜
效果较好(70%～90%以上)的杂草	卷茎蓼、米瓦罐、野油菜
效果较差(40%～70%以上)的杂草	佛座、婆婆纳、麦家公
效果极差(40%以下)的杂草	大巢菜、蚤缀、稻槎菜、泥胡菜

图 2-71 40% 氟唑草酮防治干悬浮剂4克／667米² 播娘蒿的中毒死亡过程 氟唑草酮对播娘蒿的防治效果突出，施药 1 天即表现出中毒症状，叶片失绿、枯黄，3～5 天即死亡，但未死部分心叶可能复发

图 2-72 乙羧氟草醚防治播娘蒿的中毒死亡过程

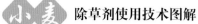

图 2-73　苯磺隆＋乙羧氟草醚防治播娘蒿的中毒死亡过程

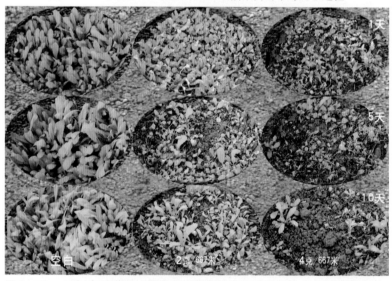

图 2-74　40％氟唑草酮干悬浮剂对荠菜的防治效果比较　防治效果突出，施药 1 天即表现出中毒症状，叶片失绿，枯黄；3～5 天即死亡，但未死部分心叶可能复发

图2-75　40％氟唑草酮干悬剂对卷耳的防治效果　防治效果较差，施药后部分叶片失绿、枯黄，生长受到轻微抑制，高剂量下部分叶片死亡

图2-76　40％氟唑草酮干悬浮剂4克／667米²防治猪殃殃的中毒症状　氟唑草酮对猪殃殃的防治效果突出，施药后叶片失绿、枯黄，但未着药部位无效，施药时必须喷洒均匀

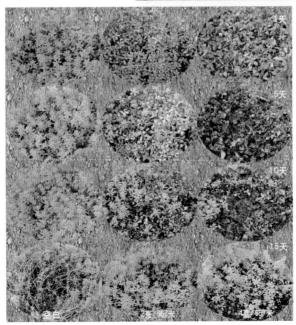

图2-77　40％氟唑草酮干悬浮剂对猪殃殃的防治效果比较　氟唑草酮对猪殃殃的防治效果突出，施药1天即表现出中毒症状，叶片失绿、枯黄，3～5天即死亡，但未死部分心叶可能复发，特别是在猪殃殃密度较高时复发严重

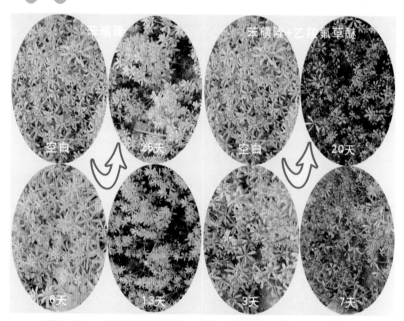

图 2—78　苯磺隆与苯磺隆 + 乙羧氟草醚防治猪殃殃效果比较

图 2—79　苯磺隆 + 乙羧氟草醚防治泽漆的效果比较

图 2-80 40%氟唑草酮干悬浮剂对泽漆的防治效果比较 氟唑草酮对泽漆的防治效果突出,施药1天即表现出中毒症状,叶片失绿、枯黄,4~6天即死亡,,而且死亡的非常彻底

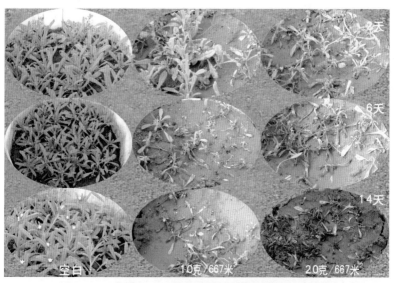

图 2-81 苯磺隆 + 乙羧氟草醚防治麦家公的效果比较

图 2-82 40%氟唑草酮干悬浮剂对婆婆纳6天后的防治效果比较 氟唑草酮对婆婆纳的防治效果较好,施药后叶片失绿、枯黄,但未着药部位无效,施药时必须在婆婆纳幼苗期喷洒均匀

3.氟唑草酮和乙羧氟草醚的使用技术 在作物苗期，杂草基本出齐、且多处于幼苗期，用10%乙羧氟草醚乳油10～15毫升/667米^{2}或40%氟唑草酮干悬浮剂3～4克/667米^2，对水20升喷施。

针对猪殃殃、泽漆、婆婆纳、麦家公等较难防除的恶性杂草，应掌握在杂草3～5叶期，选用10%乙羧氟草醚乳油10～15毫升/667米^{2}或40%氟唑草酮干悬浮剂4克加入10%苯磺隆可湿性粉剂15～20克/667米^2，对水30～40升叶面喷雾。

该药剂为触杀性，施药时要注意准确的把握用量，喷施均匀；否则，对小麦会产生一定的药害(图2-83和图2-85)。

图2-83 40%氟唑草酮干悬浮剂对佛座的防治效果比较 氟唑草酮对佛座的防治效果较好，施药1天即表现出中毒症状，叶片失绿、枯黄，3～5天即死亡，但未死部分心叶可能复发

图2-84 在小麦生长期，叶面喷施10%乙羧氟草醚乳油4天后的药害症状 受害小麦部分叶片斑点状黄化，一般不影响小麦的生长；受害较重时部分叶片折断倒伏，心叶不死的小麦短期内即可恢复生长，重者小麦长势会受一定程度的影响

图2-85 在小麦生长期,叶面喷施10％乙羧氟草醚乳油20ml／667米²的药害恢复过程 受害小麦叶片有黄化斑点,部分叶片枯黄,以后随着生长,不断发出新叶,长势逐渐恢复

(八)溴苯腈、苯达松

1. 溴苯腈、苯达松的作用特点 触杀型选择性苗后茎叶处理除草剂。主要通过叶片吸收,在植物体内进行极其有限的传导,通过抑制光合作用使植物组织坏死。施药叶片褪绿,出现坏死斑。在气温较高、光照较强的条件下,加速叶片枯死。在土壤中不稳定。

2. 溴苯腈、苯达松的防治对象 可以有效防除多种一年生阔叶杂草,对多年生杂草只能防除其地上部分,对禾本科杂草无效(表2-10)。杂草防治效果症状比较(图2-86至图2-90)。

表2-10 溴苯腈、苯达松对麦田主要杂草的防治效果比较

效果突出(90％以上)的杂草	播娘蒿、麦家公、扁蓄、卷耳、蚤缀
效果较好(70％～90％以上)的杂草	荠菜、婆婆纳、米瓦罐、猪殃殃
效果较差(40％～70％以上)的杂草	泽漆、佛座
效果极差(40％以下)的杂草	小蓟、田旋花

图2-86　生长期喷施48%苯达松水剂200ml/667米²防治播娘蒿的中毒死亡症状过程　播娘蒿生长期施药后，迅速出现中毒症状，茎叶斑状枯死，未死心叶可能复发

图2-87　25%溴苯腈乳油150ml/667米²防治播娘蒿的田间死亡过程比较　溴苯腈对播娘蒿防效较好，施药后1~3天茎叶黄化、触杀性枯死，但部分未死心叶经一周以后可能发出新叶

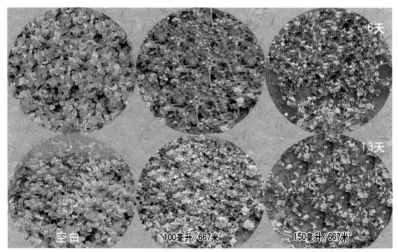

图2-88　25%溴苯腈乳油对婆婆纳的防治效果比较　溴苯腈对婆婆纳具有一定的防效，施药后4~6天茎叶黄化、枯死，但部分未死心叶以后可能发出新叶

图2-89 25%溴苯腈乳油对播娘蒿的防治效果比较 溴苯腈对播娘蒿防效较好，施药后1～2天茎叶黄化、枯死，但部分未死心叶以后可能发出新叶

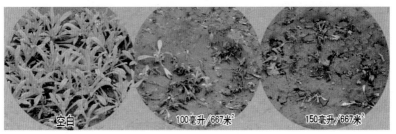

图2-90 25%溴苯腈乳油对麦家公的防治效果比较 溴苯腈对麦家公防效较好，施药后4～6天茎叶枯黄，以后逐渐全株枯死

3.溴苯腈、苯达松的使用技术 在小麦3～5叶期，阔叶杂草基本出齐，处于4叶期前，生长旺盛时施药。用25%溴苯腈乳油100～170毫升/667米^2、或48%苯达松水剂150～200毫升/667米^2，加水30升均匀喷洒。

施用该药剂后几天内遇到低温(10℃以下)的天气，除草效果可能降低，作物安全性可能降低，可能会发生药害；药量过大或施药不匀也会发生药害(图2-91)。

图2-91　在小麦生长期，遇低温天气，叶面喷施溴苯腈后的田间药害症状　受害小麦叶片黄化、叶片发生黄斑、部分叶片枯死，田间小麦枯黄，但一般情况下不致于绝收，待天气转好时，逐渐恢复生长

第三章 小麦田杂草防治技术

一、南方稻麦轮作麦田禾本科杂草防治

长江流域稻麦轮作田，看麦娘、日本看麦娘、菵草等杂草发生严重，另外，还有少量的早熟禾、硬草、雀麦、棒头草、长芒棒头草、蜡烛草、纤毛鹅观草、节节麦、碱茅等，这些禾本科杂草发生早，在水稻收割小麦播种后很快形成出苗高峰，应在小麦播种前后进行及时防治。一般于播种后出苗前除草效果最好。

在一些腾茬早，在播前就有大量看麦娘等杂草出土的田块(图3-1)，需要在播前灭茬除草，应在播前2~4天施药防治，可以用下列除草剂：41%草甘膦水剂100毫升/667米^2，或20%百草枯水剂

图3-1 稻茬小麦播种前发生大量杂草

150～200毫升/667米²,加水30升喷施,防治这些已出苗杂草,播后视草情再用其他麦田除草剂。该期施用草甘膦后,最好不要马上撒播小麦,以免发生药害。

一般性麦田,应在前茬收获后进行翻耕、整地(图3-2)。主要是在播后芽前施药。此间针对草情可以选择如下一些药剂。

图3-2 小麦播种前地平墒好

在小麦播后苗前期,在墒情较好情况下,可以使用:25%绿麦隆可湿性粉剂200～300克/667米²;50%异丙隆可湿性粉剂125～175克/667米²;50%利谷隆可湿性粉剂120～150克/667米²;60%丁草胺乳油50毫升/667米² + 25%绿麦隆可湿性粉剂150克/667米²;50%乙草胺乳油50毫升/667米²+50%异丙隆可湿性粉剂120～150克/667米²;60%丁草胺乳油50毫升/667米²+50%异丙隆可湿性粉剂120～150克/667米²;50%异丙隆可湿性粉剂120～150克/667米²+10%甲磺隆可湿性粉剂5克/667米²(仅限长江流域部分酸性土壤);50%异丙隆可湿性粉剂120～150克/667米²+10%绿磺隆可湿性粉剂5克/667米²(仅限长江流域部分酸性土壤),加水30升均匀喷雾进行土壤处理。对于湿度较大、气温较低的麦田(图3-3),用乙草胺、丁草胺可能会出现药害,暂时性抑制小麦的生长,施药时应加以注意,尽量避免施用。甲磺隆和绿磺隆残效期较长,不能随意加大剂量,后茬不宜种植敏感作物。

图3-3 稻茬小麦播种前土壤水多地湿

对于前期未能及时防治的情况(图3-4和图3-5),应在小麦冬前期11月至12月上旬,或2月下旬至3月上旬及时采取防治措施。

图3-4 小麦冬前苗期禾本科杂草发生危害情况

图 3-5　小麦冬前苗期禾本科杂草发生危害情况

在小麦冬前期，对于信阳等南方稻作麦区，可于 11 月中下旬至 12 月上旬，这一时期杂草基本出齐，且多处于幼苗期，防治目标明确。对于以看麦娘等禾本科杂草为主的地块，可以用 6.9% 精恶唑禾草灵水乳剂或 10% 精恶唑禾草灵乳油 50～75 毫升 /667 米 ^{2}，或 50% 异丙隆可湿性粉剂 125～175 克 /667 米 ^{2}，对水 30 升喷施，可以有效地防治麦田禾本科杂草；对于以日本看麦娘、菵草等为主的地块，可以用 50% 异丙隆可湿性粉剂 120 克 /667 米 ^{2}+6.9% 精恶唑禾草灵水乳剂 100 毫升 /667 米 ^{2}，或 3% 甲基二磺隆油悬剂 25～30 毫升 /667 米 ^{2} 加入助剂，加水 30 升，均匀喷雾，可以收到较好的除草效果。

在小麦返青期，杂草快速生长，前期防治效果不好的田块(图3-6)，应于 2 月中下旬及时施药。对于以看麦娘等禾本科杂草为主的地块，可以用 6.9% 精恶唑禾草灵水乳剂或 10% 精恶唑禾草灵乳油 50～100 毫升 /667 米 ^{2}，对水 30 升喷施；对于以日本看麦娘、菵草等为主的地块，用 6.9% 精恶唑禾草灵水乳剂 100～125 毫升 /667 米 ^{2}、3% 甲基二磺隆油悬剂 25～30 毫升 /667 米 ^{2} 加入助剂，加水

30升均匀喷雾，进行土壤处理。因为精恶唑禾草灵对小麦有一定的药害，施药时务必均匀施药；选择药剂时应选择质量较好的产品；同时，考虑安全剂加入要足量。

图3-6　小麦返青期禾本科杂草危害情况

二、南方稻麦轮作麦田禾本科——阔叶杂草混生田杂草防治

长江流域稻麦轮作田，看麦娘、日本看麦娘、菵草等杂草发生严重；另外，还有少量的早熟禾、硬草、雀麦、棒头草、长芒棒头草、蜡烛草、纤毛鹅观草、节节麦、碱茅等；同时，田间还有牛繁缕、碎米荠、大巢菜、猪殃殃、婆婆纳、稻槎菜等阔叶杂草，这些杂草发生早，在水稻收割小麦播种后很快形成出苗高峰，应在小麦播种前后进行及时防治。一般于播种后出苗前除草效果最好。

一般性麦田，应在前茬收获后进行翻耕、整地(图3-7)。可以在播后芽前施药。在小麦播后苗前，田间为日本看麦娘、菵草、猪殃殃、婆婆纳、棒头草、看麦娘、长芒棒头草、蜡烛草、纤毛鹅观草、节节麦、牛繁缕、碎米荠、大巢菜等杂草，在墒情较好情况下，可以用：25%绿麦隆可湿性粉剂200～300克/667米^2；或50%异丙隆可湿性粉剂100～150克/667米^2；或50%利谷隆可湿性粉剂100～130克/667米^2；或60%丁草胺乳油50毫升/667米^2＋25%绿麦隆可湿性粉剂150克/667米^2；或50%乙草胺乳油50毫升/667米^2＋50%异丙隆可湿性粉剂120～150克/667米^2；或50%异丙隆可湿性粉剂120～150克/667米^2＋10%甲磺隆可湿性粉剂5克/667米^2(仅限长江流域部分酸性土壤)，50%异丙隆可湿性粉剂120～150克/667米^2＋10%绿磺隆可湿性粉剂5克/667米^2(仅限长江流域部分酸性土壤)。加水30升均匀喷雾，进行土壤处理。对于湿度较大、气温较低的麦田，用乙草胺、丁草胺可能会出现暂时性抑制小麦的生长，施药时应加以注意，尽量避免施用。甲磺隆和绿磺隆残效期较长，不能随意加大剂量，后茬不宜种植敏感作物。

图3-7 小麦播种前地平墒好田块

对于前期未能及时防治的情况，在小麦冬前期11月至12月上旬防治比较有利，应及时采取防治措施。

在小麦冬前期，对于信阳等南方稻作麦区，可于11月中旬至12月上旬，这一时期杂草基本出齐，且多处于幼苗期，防治目标明确。对于以看麦娘、猪殃殃、婆婆纳、稻槎菜、牛繁缕、碎米荠和大巢菜等杂草为主的地块（图3-8），可以用以下除草剂：15%炔草酸可湿性粉剂15～20克/667米²+10%苯磺隆可湿性粉剂15～20克/667米²；或10%精噁唑禾草灵乳油50～75毫升/667米²+10%苄嘧磺隆可湿性粉剂30～40克/667米²；50%异丙隆可湿性粉剂120-150克/667米²+10%甲磺隆可湿性粉剂5克/667米²（仅限长江流域部分酸性土壤）；50%异丙隆可湿性粉剂120～150克/667米²+10%绿磺隆可湿性粉剂5克/667米²（仅限长江流域部分酸性土壤）；10%精噁唑禾草灵乳油50～75毫升/667米²+10%苄嘧磺隆可湿性粉剂20～30克/667米²+10%甲磺隆可湿性粉剂5克/667米²（仅限长江流域部分酸性土壤）；10%精噁唑禾草灵乳油50～75毫升/667米²+10%苯磺性

图3-8　小麦冬前苗期禾本科杂草——阔叶杂草发生危害情况

粉剂 10～20 克 /667 米^2+10% 绿磺隆可湿性粉剂 5 克 /667 米^2（仅限长江流域部分酸性土壤）。加水 30 升均匀喷雾，进行土壤处理。甲磺隆和绿磺隆残效期较长，不能随意加大剂量，后茬不宜种植敏感作物。

在小麦返青期，杂草快速生长，前期防治效果不好的田块，应于 2 月中下旬及时施药(图 3-9)。

图 3-9　小麦返青期禾本科杂草—阔叶杂草发生危害情况

对于以看麦娘、猪殃殃、婆婆纳、牛繁缕、碎米荠、大巢菜等杂草为主的地块，可以用以下除草剂配方：6.9% 精恶唑禾草灵水乳剂 50～100 毫升 /667 米^2+20% 氯氟吡氧乙酸乳油 40～60 毫升 /667 米^2；15% 炔草酯可湿性粉剂 10～15 克 /667 米^2+20% 氯氟吡氧乙酸乳油 40～60 毫升 /667 米^2。加水 30 升均匀喷雾。因为，精恶唑禾草灵对小麦有一定的药害，施药时务必均匀施药；同时考虑安全剂加入要足量。施药不宜过晚，小麦拔节期可能会发生一定程度的药害。

对于以日本看麦娘、菵草、猪殃殃、婆婆纳、牛繁缕、碎米荠、稻槎菜、大巢菜等杂草为主的地块，可以用以下除草剂配方：6.9%

精恶唑禾草灵水乳剂100~125毫升/667米²+20%氯氟吡氧乙酸乳油40~60毫升/667米²；15%炔草酯可湿性粉剂10~15克/667米²+20%氯氟吡氧乙酸乳油40~60毫升/667米²。加水30升均匀喷雾。因为，精恶唑禾草灵对小麦有一定的药害，施药时务必均匀施药；选择药剂时应选择质量较好的产品；同时，考虑安全剂加入要足量。施药不宜过晚，小麦拔节期可能会发生一定程度的药害。

三、沿黄稻麦轮作麦田硬草等杂草防治

沿黄稻麦轮作田，硬草发生量大，一般年份在小麦播种后2周开始大量发生，个别干旱年份发生较晚。在小麦返青后开始快速生长，难于防治，对小麦造成严重危害。生产上应主要抓好冬前期防治，对于雨水较大的年份则应抓好播后芽前期施药防治。

在小麦播后苗前(图3-10)，防治比较有利，可以用下列除草剂：

图3-10　小麦播后苗前杂草防治

25%绿麦隆可湿性粉剂200～300克/667米²；50%异丙隆可湿性粉剂120～150克/667米²；50%利谷隆可湿性粉剂100～130克/667米²；60%丁草胺乳油50毫升/667米²＋25%绿麦隆可湿性粉剂150克/667米²；50%乙草胺乳油50毫升/667米²＋50%异丙隆可湿性粉剂80～100克/667米²。加水30升均匀喷雾。遇连阴雨或低洼积水地块，对于湿度较大、播种较晚的麦田，用丁草胺、乙草胺可能会出现暂时性抑制小麦的生长，重的可致小麦不能发芽出苗。

对于前期未能及时防治的情况，应在小麦冬前期11月至12月上旬、或翌年3月上旬小麦返青期及时采取防治措施。在小麦冬前期，对于沿黄稻作麦区是杂草防治的最好时期，对于水稻收获后整地播种的小麦，在小麦出苗后3～5周内，即11月上中旬，硬草幼苗时施药最好(图3-11)。

图3-11　小麦冬前苗期硬草发生危害情况与防治方法

对于以硬草、播娘蒿、荠菜为主的地块，可以用下列除草剂：50%异丙隆可湿性粉剂100～150克/667米²；50%利谷隆可湿性粉剂100～130克/667米²；3%甲基二磺隆油悬剂25～30毫升/667

米²加入助剂。对水30～45升喷施，可以取得较好的除草效果。注意不要施药太晚，低温下施药效果差，对小麦的安全性降低，会出现黄化、枯死现象。对于小麦种子撒播于水稻行间的小麦，应在水稻收获后让小麦充分炼苗，炼苗2～3周后麦苗恢复健壮生长时施药，施药过早小麦易发生药害、小麦黄化，生长受抑制。

　　对于沿黄稻作麦区以硬草、猪殃殃、播娘蒿、荠菜为主的地块，在小麦冬前期，是杂草防治的最好时期，对于水稻收获后整地播种的小麦(图3-12)，在小麦出苗后5～7周，即11月中下旬，可以用下列除草剂：50%异丙隆可湿性粉剂100～150克/667米²+10%苄嘧磺隆可湿性粉剂30～40克/667米²；50%利谷隆可湿性粉剂100～130克/667米²+10%苯磺隆可湿性粉剂15～20克/667米²；15%炔草酯可湿性粉剂15～20克/667米²+10%苯磺隆可湿性粉剂15～20克/667米²；10%精恶唑禾草灵乳油50～75毫升/667米²+10%苄嘧磺隆可湿性粉剂30～40克/667米²；3%甲基二磺隆油悬剂25～

图3-12　小麦冬前苗期硬草和其他阔叶杂草发生危害情况

30毫升/667米^{2}加入助剂。对水30～45升喷施。注意不要施药太晚,低温下施药效果差,对小麦的安全性降低,会出现黄化、枯死现象。

在小麦返青期,沿黄稻作麦区小麦返青较慢,一般在3月上中旬开始施药。因为这一时期天气多变、气温不稳定,应根据天气情况选择药剂及时施药。对于以硬草为主的地块(图3～13),可以用下列除草剂:15%炔草酯可湿性粉剂15～20克/667米^2;10%精恶唑禾草灵乳油75～125毫升/667米^2;3%甲基二磺隆油悬剂25～30毫升/667米^2,加入助剂。对水30～45升喷施,可以取得较好的除草效果。硬草较大密度较高时,会降低除草效果,施药时应适当加大施用水量和药剂量。

图3-13 小麦返青期硬草发生危害情况

对于硬草、播娘蒿、荠菜为主的地块(图3-14),可以用下列除草剂:6.9%精恶唑禾草灵水乳剂75～125毫升/667米^2+10%苯磺隆可湿性粉剂15～20克/667米^2;10%精恶唑禾草灵乳油75～125

毫升/667米^2+10%苄嘧磺隆可湿性粉剂30~40克/667米^2；3%甲基二磺隆油悬剂25~30毫升/667米^{2}加入助剂。对水30~45升喷施。硬草较大密度较高时，会降低除草效果，施药时应适当加大施药水量和药剂量。

图3-14　小麦返青期硬草和其他阔叶杂草发生危害情况

对于以硬草、猪殃殃为主的地块(图3-15)，可以用下列除草剂：15%炔草酯可湿性粉剂15~20克/667米^2+15%噻磺隆可湿性粉剂15~20克/667米^2；10%精恶唑禾草灵乳油75~125毫升/667米^2+10%苄嘧磺隆可湿性粉剂35~45克/667米^2。对水30~45升喷施。硬草较大密度较高时，会降低除草效果，施药时应适当加大施药水量和药剂量。

图3-15 小麦返青期硬草和猪殃殃等阔叶杂草发生危害情况

四、北方旱田野燕麦和阔叶杂草混生麦田杂草防治

在我国西北、华北等地，麦田野燕麦发生较重，对于以野燕麦和阔叶杂草混用的麦田应抓好小麦播后芽前防治的关键时期。

在小麦播后芽前，对于以野燕麦为主的麦田，可以用下列除草剂：40%野麦畏乳油150～200毫升/667米²(施药后立即浅混土)；50%异丙隆可湿性粉剂150～200克/667米²。加水40升均匀喷施。燕麦畏对小麦安全性较差，施药时药量过大或施药期间低温高湿均会加重药害。

在小麦冬前期或小麦返青期，对于野燕麦、播娘蒿、荠菜为主的地块(图3-16)，可以用下列除草剂：50%异丙隆可湿性粉剂125～175克/667米²；15%炔草酯可湿性粉剂15～20克/667米²+15%噻磺隆可湿性粉剂10～20克/667米²；6.9%精噁唑禾草灵水乳剂100～125毫升/667米²+10%苯磺隆可湿性粉剂10～20克/667米²；对水25～30

升，茎叶喷雾处理，可以达到较好的除草效果，但施药过晚药效下降。

图 3-16　小麦苗期田间野燕麦发生危害情况

五、播娘蒿—荠菜等混生麦田杂草防治

在华北冬小麦产区，特别是除草剂应用较少的地区，麦田主要是播娘蒿、荠菜，个别地块有少量米瓦罐、麦家公、猪殃殃、佛座、泽漆等杂草种类较多，但播娘蒿和荠菜占有绝对优势。这类作物田杂草易于防治，多数除草剂均能达到较好的除草效果。一般年份在小麦播种后 2～3 周杂草开始发生，墒情好时杂草发生量大；个别干旱年份发生较晚，杂草发生量较小，多数于 10 月下旬到 11 月上中旬基本出苗，幼苗期易于防治；在小麦返青后开始快速生长，难于防治，常对小麦造成严重的危害。生产上应主要抓好冬前期防治。

在小麦冬前期（图 3-17），于 10 月下旬到 11 月上中旬，选择墒情较好、气温稳定在 8℃施药，除草效果较好。可以用下列除草剂：

10%苯磺隆可湿性粉剂10～15克/667米²;15%噻磺隆可湿性粉剂10～15克/667米²;10%苄嘧磺隆可湿性粉剂20～30克/667米²。对水30～45升均匀喷施,可以有效防治杂草,基本上可以控制小麦整个生育期的杂草危害。

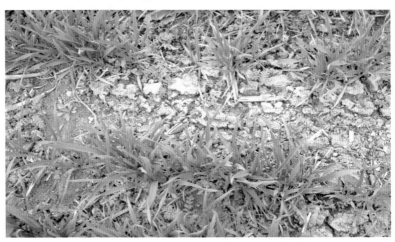

图3-17　小麦冬前期田间播娘蒿发生危害情况

在小麦返青期(图3-18),一般在3月上中旬开始施药。因为这一时期天气多变、气温不稳定,应根据天气情况选择药剂及时施药。一般情况下可以用下列除草剂:10%苯磺隆可湿性粉剂10～15克/667米²;15%噻磺隆可湿性粉剂10～15克/667米²;对水30～45升均匀喷施,可以有效防治麦田杂草。

在小麦返青后拔节前,3月上中旬,天气晴朗、气温高于10℃,且天气预报未来几天天气较好的情况下,一般情况下可以用下列除草剂:25%溴苯腈乳油120～150毫升/667米²;20%2甲4氯水剂150～200毫升/667米²;48%麦草畏水剂15～20毫升/667米²;72%2,4-滴丁酯乳油50毫升/667米²;20%氯氟吡氧乙酸乳油40～50毫升/667米²。对水30升均匀喷施,可以有效防治播娘蒿、荠菜等杂草的危害。在小麦4叶之前或拔节后不能施用,低温下也不能施用，否则可能对小麦发生严重的药害。

图 3-18　小麦返青期田间播娘蒿发生危害情况

在小麦返青后拔节封行前，田间播娘蒿较大时(图3-19)，3月上中旬，天气晴朗、气温高于10℃，且天气预报未来几天天气较好的情况下，一般情况下可以用下列除草剂：10% 苯磺隆可湿性粉剂10~15克 /667 米^2+10%乙羧氟草醚乳油 10~15 毫升 /667 米^2；15%噻磺隆可湿性粉剂15~20克 /667 米^2+10%乙羧氟草醚乳油 10~15毫升 /667 米^2；10% 苄嘧磺隆可湿性粉剂30~40克 /667 米^2+10%乙羧氟草醚乳油 10~15毫升 /667 米^2；10% 苯磺隆可湿性粉剂10~15克 /667 米^2+10% 乙羧氟草醚乳油 10~15 毫升 /667 米^2+20%2 甲 4氯水剂100~120毫升/667 米^2。对水 30升均匀喷施，可以达到较好的除草效果(图3-20)，但以上药剂在小麦拔节后不能施用，施药过晚，药效下降或出现杂草复活现象，易出现药害(图3-21至3-24)。

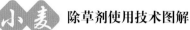

图 3–19　小麦返青期田间播娘蒿较大时发生危害情况

图 3–20　苯磺隆和乙羧氟草醚混用防治播娘蒿的死草过程

图 3-21　2,4-滴丁酯防治麦田播娘蒿的田间效果　2,4-滴丁酯对播娘蒿防治效果较好杀草迅速，但施药较晚时，小麦易出现药害

图 3-22　苯磺隆防治播娘蒿的田间死草过程

图3-23　在麦田播娘蒿较大时苯磺隆防治播娘蒿的田间防治效果　播娘蒿死亡不彻底，个别有复活的现象

图3-24　在麦田播娘蒿较大时苯磺隆防治播娘蒿的死草症状　播娘蒿心叶黄化、生长缓慢、叶色暗淡，但整株不能彻底死亡，个别有复活的现象

六、猪殃殃—播娘蒿—荠菜等混生麦田杂草防治

在华北冬小麦产区，近几年麦田杂草群落发生了较大的变化，猪殃殃等恶性杂草逐年增加，麦田杂草主要是猪殃殃、佛座、播娘蒿、荠菜，另外还会有麦家公、米瓦罐等。这类作物田杂草难于防治，必须针对不同地块的草情选择适宜的除草剂种类和适宜的施药时期；否则，就不能达到较好的除草效果。一般年份在小麦播种后2~3周杂草开始发生，个别干旱年份发生较晚，多数于10月下旬到11月上中旬基本出苗，幼苗期易于防治；在小麦返青后开始快速生长，难于防治，常对小麦造成严重的危害。生产上应主要抓好冬前期防治。

在小麦冬前期，于11月上中旬，是防治上的最佳时期(图3-25)，应及时进行施药除草。可以用下列除草剂：10% 苯磺隆可湿性粉剂

图3-25　小麦冬前期田间猪殃殃、播娘蒿发生危害情况

10～20克/667米²；15%噻磺隆可湿性粉剂10～20克/667米²；10%苄嘧磺隆可湿性粉剂20～40克/667米²；20%氯氟吡氧乙酸乳油40～50毫升/667米²，对水30～45升，均匀喷施，可以有效防治杂草，基本上可以控制小麦整个生育期的杂草危害。根据杂草种类和大小适当调整除草剂用量；对于猪殃殃较多的地块，可以适当增加药剂用量。氯氟吡氧乙酸不能施药过早，小麦4叶前施药，对小麦会有一定程度的药害。

在小麦返青期，对于猪殃殃发生较多的地块防治适期已过。在前期未能进行有效防治的麦田，应在3月上中旬尽早施药。因为这一时期天气多变、气温不稳定，应根据天气情况选择药剂及时施药。如果防治及时，田间小麦未封行、猪殃殃不高时(图3-26)，可以使用下列除草剂：10%苯磺隆可湿性粉剂15～20克/667米²；15%噻磺隆可

图3-26　小麦返青期田间猪殃殃、播娘蒿发生危害情况

湿性粉剂 15～20 克 /667 米 ^{2}；10% 苄嘧磺隆可湿性粉剂 30～40 克 / 667 米 ^{2}；10% 苯磺隆可湿性粉剂 10～15 克 /667 米 ^{2}+10% 乙羧氟草醚乳油 10～15 毫升 /667 米 ^{2} 或 20% 氯氟吡氧乙酸乳油 20～40 毫升 / 667 米 ^{2}；15% 噻磺隆可湿性粉剂 15～20 克 /667 米 ^{2}+10% 乙羧氟草醚乳油 10～15 毫升 /667 米 ^{2} 或 20% 氯氟吡氧乙酸乳油 20～40 毫升 / 667 米 ^{2}；10% 苄嘧磺隆可湿性粉剂 30～40 克 /667 米 ^{2}+10% 乙羧氟草醚乳油 10～15 毫升 /667 米 ^{2} 或 20% 氯氟吡氧乙酸乳油 20～40 毫升 / 667 米 ^{2}；20% 氯氟吡氧乙酸乳油 40～50 毫升 /667 米 ^{2}，对水 30～45 升，均匀喷施，可以有效防治杂草，基本上可以控制小麦整个生育期的杂草危害。对于猪殃殃较多较大的地块，最好施用 20% 氯氟吡氧乙酸乳油 50～60 毫升 /667 米 ^{2}，对水 30～45 升，均匀喷施，但不能施药过晚，小麦拔节后施药，对小麦会有一定程度的药害。

七、猪殃殃等杂草严重发生的麦田杂草防治

在黄淮海冬小麦产区，特别是中南部除草剂应用较多的地区，如河南驻马店、安徽阜阳以南，近几年麦田杂草群落发生了较大的变化，猪殃殃等恶性杂草逐年增加，麦田杂草主要是猪殃殃，另外还发生有佛座、播娘蒿、荠菜、麦家公和米瓦罐等。这类作物田杂草难于防治，必须针对不同地块的草情和生育时期选择适宜的除草剂种类和适宜的施药剂量，否则就不能达到较好的除草效果。该区常年温度较高，进入冬季寒冷较晚，麦田冬前杂草适宜发生和生长的时期较长，一般年份在小麦播种后 2～3 周杂草开始发生，多数于 11 月中下旬达到出苗高峰，一般年份到 12 月上旬还有大量猪殃殃等阔叶杂草不断地发芽出苗，杂草发生期较华北麦区明显延长，为麦田杂草的防治增加了困难。该区小麦返青期开始的较早、春后气温回升较快，前期未能防治的杂草，在小麦返青后开始快速生

长，难于防治，常对小麦造成严重的危害。该区域麦田杂草的防治应分为3个阶段，针对每一阶段的特点采取相应的防治措施。

第一阶段：对于黄淮海中南部除草剂应用较多的冬小麦产区，小麦冬前早期，于10月中下旬到11月上旬，对于适期播种的小麦，猪殃殃等阔叶杂草基本出苗，防治上比较有利，应及时进行施药除草（图3-27）。对于豫南、皖中等黄淮中南部麦区，气温较高，在小麦冬前期，于10月中下旬到11月上旬，小麦播种出苗后猪殃殃等阔叶杂草大量出苗，本期施药一般可以取得较好的除草效果；但施药量偏低时，以后还会有杂草发生，影响整体除草效果；所以在小麦冬前早期（10月中下旬到11月上旬）施药必须考虑在杀死出苗杂草的同时，还要封闭住未来一个多月内（即11月中旬至12月上旬）不出杂草，兼有封闭和杀草双重功能。这一时期可以使用下列除草剂：10%苯磺隆可湿性粉剂20～40克/667米²；15%噻磺隆可湿性粉剂20～40克/667米²；10%苄嘧磺隆可湿性粉剂40～60克/667米²；10%苯磺隆可湿性粉剂15～20克/667米²+10%甲磺隆可湿性粉剂5～7.5克/667米²（仅限长江流域部分酸性土壤）；10%苯磺隆可湿性粉剂15～20克/667米²+10%绿磺隆可湿性粉剂5～7.5克/

图3-27　黄淮海中南部麦区早期猪殃殃发生情况

667米²(仅限长江流域部分酸性土壤)。对水 30～45 升，均匀喷施，可以有效防治杂草，基本上可以控制小麦整个生育期的杂草危害。该期施药应注意墒情、杂草大小和施药时期，适当调整药剂种类和剂量，施药越早药量越大。

第二阶段：小麦冬前期，于 11 月中下旬到 12 月上旬，是防治上比较有利的时期，这一时期杂草已基本出齐，气温较高，应及时进行施药除草。但对于猪殃殃发生较重、较大的麦田(图 3-28)，应注意采用一些速效除草剂，这一时期可以使用下列除草剂：10% 苯磺隆可湿性粉剂 15～20 克 /667 米²；15% 噻磺隆可湿性粉剂 15～20 克 /667 米²；10% 苄嘧磺隆可湿性粉剂 30～40 克 /667 米²；10% 苯磺隆可湿性粉剂 15～20 克 /667 米²+40% 氟唑草酮干悬浮剂 2～4 克 /667 米²；15% 噻磺隆可湿性粉剂 15～20 克 /667 米²+40% 氟唑草酮干悬浮剂 2～4 克 /667 米²；10% 苄嘧磺隆可湿性粉剂 20～30 克 /667 米²+40% 氟唑草酮干悬浮剂 2～4 克 /667 米²；10% 苯磺隆可湿性粉剂 15～20 克 /667 米²+10% 乙羧氟草醚乳油 10～15 毫升 /667 米² 或 20% 氯氟吡氧乙酸乳油 20～40 毫升 /667 米²；15% 噻磺隆可湿性粉剂 15～20 克 /667 米²+10% 乙羧氟草醚乳油 10～15 毫升 /667 米² 或 20% 氯氟吡氧乙酸乳油 20～40 毫升 /667 米²，10%

图 3-28　麦田冬前期猪殃殃发生情况

苯嘧磺隆可湿性粉剂20～30克/667米²+10%乙羧氟草醚乳油10～15毫升/667米²或20%氯氟吡氧乙酸乳油20～40毫升/667米²；对水30～45升，均匀喷施，可以有效防治杂草，基本上可以控制小麦整个生育期的杂草危害。该期施药应注意墒情、杂草大小和施药时期，适当调整药剂种类和剂量；施药过早时药量应适当加大，施药过晚、猪殃殃过大时可用20%氯氟吡氧乙酸乳油30～50毫升/667米²以提高除草效果；该期不能施药过晚，在气温低于8℃时，除草效果降低，对小麦的安全性较差或出现药害现象。

第三阶段：对于豫南、皖中北部麦区，在小麦返青期，对于猪殃殃发生较多的地块防治适期已过；但在前期未能进行有效防治的麦田(图3-29)，应在2月下旬至3月上旬尽早施药。

图3-29　南部麦区小麦返青期猪殃殃发生情况

对于田间小麦未封行、猪殃殃不高时，一般情况下可以用下列除草剂：10%苯磺隆可湿性粉剂10～15克/667米²+20%氯氟吡氧乙酸乳油20～40毫升/667米²；10%苯嘧磺隆可湿性粉剂30～40克/667米²+20%氯氟吡氧乙酸乳油20～40毫升/667米²；对水30～45升，均匀喷施，可以达到较好的防治效果(图3-30)。应根据草情和后茬作物调整药剂种类和剂量。

图3-30　在猪殃殃较大时施用苯磺隆＋氯氟吡氧乙酸
防治麦田猪殃殃田间效果

八、麦家公、婆婆纳等阔叶杂草混生麦田杂草防治

在黄淮海冬小麦产区，部分除草剂应用较多的麦区，近几年麦田杂草群落发生了较大的变化，麦家公、婆婆纳发生量较大，防治比较困难，必须针对不同地块的草情和生育时期选择适宜的除草剂种类和适宜的施药剂量，否则就不能达到较好的除草效果。一般年份在麦家公、婆婆纳小麦播种后2～3周开始发生，多数于11月份达到出苗高峰，小麦返青期麦家公、婆婆纳快速生长，3月份即逐渐开花成熟。防治时应抓好冬前期杂草的防治，在小麦返青后开始快速生长，难于防治。

小麦冬前期，对于中南部麦区，气温较高，于11月中下旬到12月上旬；对于华北麦区10月下旬到11月上中旬，对于适期播种的小麦，麦家公、婆婆纳、播娘蒿、荠菜、猪殃殃和米瓦罐等阔叶杂草大量出苗，且杂草较大较多时（图3-31），应及时进行防治。可以使用下列除草剂：10%苯磺隆可湿性粉剂15～20克/667米^2；10%苄嘧磺隆可湿性粉剂30～40克/667米^2；10%苯磺隆可湿性粉剂15～20克/667米^2＋40%氟唑草酮干悬浮剂2～4克/667米^2；15%噻磺隆可湿性粉剂 15～20 克 /667 米² +40% 氟唑草酮干悬浮剂 2～4 克 /667 米²；10% 苄嘧磺隆可湿性粉剂 20～30 克 /667 米² +40% 氟唑草酮干悬浮剂 2～4 克 /667 米²；10% 苯磺隆可湿性粉剂 15～20 克 /667 米² +10% 乙羧氟草醚乳油 10～15 毫升 /667 米²；15% 噻磺隆可湿性粉剂 15～20 克 /667 米² +10% 乙羧氟草醚乳油 10～15 毫升 /667 米²；10% 苄嘧磺隆可湿性粉剂 20～30 克 /667 米² +10% 乙羧氟草醚乳油 10～15 毫升 /667 米²，对水 30～45 升，均匀喷施，可以有效防治杂草，基本上可以控制小麦整个生育期的杂草危害。该期施药时应注意墒情、杂草大小和施药时期，适当调整药剂种类和剂量；对于中南部麦区施药过早时药量应适当加大；该期不能施药过晚，在气温低于 8℃时，除草效果降低，对小麦的安全性较差或出现药害现象。

　　在小麦返青期，麦家公、婆婆纳入春后即开花成熟，对于麦家公、婆婆纳发生较多的地块防治适期已过，难于防治；对前期

图 3-31　小麦冬前期麦家公婆婆纳等杂草发生危害情况

未能进行有效防治的麦田，应在2月下旬至3月上旬尽早施药，以尽量减轻杂草的危害。对于田间小麦未封行、麦家公和婆婆纳等杂草较小时(图3-32)，一般情况下可以用下列除草剂：10%苯磺隆可湿性粉剂15~20克/667米²+40%氟唑草酮干悬浮剂2~4克/667米²；15%噻磺隆可湿性粉剂15~20克/667米²+40%氟唑草酮干悬浮剂2~4克/667米²；10%苄嘧磺隆可湿性粉剂20~30克/667米²+40%氟唑草酮干悬浮剂2~4克/667米²；10%苯磺隆可湿性粉剂15~20克/667米²+10%乙羧氟草醚乳油10~15毫升/667米²；15%噻磺隆可湿性粉剂15~20克/667米²+10%乙羧氟草醚乳油10~15毫升/667米²；10%苄嘧磺隆可湿性粉剂20~30克/667米²+10%乙羧氟草醚乳油10~15毫升/667米²；10%苯磺隆可湿性粉剂15~20克/667米²+25%溴苯腈乳油100~150毫升/667米²；15%噻磺隆可湿性粉剂15~20克/667米²+25%溴苯腈乳油100~150毫升/667米²；10%苄嘧磺隆可湿性粉剂20~30克/667米²+25%溴苯腈乳油100~150毫升/667米²，对水30~45

图3-32　小麦返青期麦家公、婆婆纳等杂草发生危害情况

升，均匀喷施。应根据草情和后茬作物调整药剂种类和剂量。因为这一时期天气多变、气温不稳定，应根据天气情况选择药剂及时施药。

九、泽漆—播娘蒿—荠菜等混生麦田杂草防治

在华北冬小麦产区，特别是中北部除草剂应用较多的地区，近几年麦田杂草群落发生了较大的变化，泽漆等恶性杂草逐年增加。麦田杂草主要是泽漆、播娘蒿、荠菜，另外还会有狼紫草、麦家公和米瓦罐等。这类作物田杂草难于防治，必须针对不同地块的草情选择适宜的除草剂种类和适宜的施药时期。泽漆多在10~11月份发生，但有一部份在2~3月份发芽出苗。对于雨水较多或墒情较好的年份应抓好冬前期防治，但一般在小麦返青期防治效果更好。

在小麦冬前期(图3-33)，对于正常播种的麦田，如果田间泽漆等杂草大量发生，泽漆、播娘蒿、荠菜、麦家公和狼紫草等发生较多，可以于11月中下旬进行施药防治。

图3-33　小麦冬前期田间泽漆发生前期危害情况

可以施用下列除草剂：20%氯氟吡氧乙酸乳油40~50毫升/667米^2；10%苯磺隆可湿性粉剂15~20克/667米^2+20%氯氟吡氧乙酸乳油25~40毫升/667米^2；15%噻磺隆可湿性粉剂15~20克/667

米²+20%氯氟吡氧乙酸乳油25～40毫升/667米²；10%苄嘧磺隆可湿性粉剂20～30克/667米²+20%氯氟吡氧乙酸乳油25～40毫升/667米²；10%苯磺隆可湿性粉剂15～20克/667米²+10%乙羧氟草醚乳油10～15毫升/667米²；15%噻磺隆可湿性粉剂15～20克/667米²+10%乙羧氟草醚乳油10～15毫升/667米²；10%苄嘧磺隆可湿性粉剂20～30克/667米²+10%乙羧氟草醚乳油10～15毫升/667米²。对水30升喷施，可以有效地防治泽漆等杂草的危害。注意不要施药太早，泽漆未出齐时药效不好；也不要施药过晚，气温下降后药效下降，对小麦的安全性不好，易于发生药害。

在小麦冬前期，对于正常播种的麦田，如果田间泽漆等杂草大量发生，泽漆、播娘蒿、荠菜、麦家公、狼紫草等发生较多，于11月中下旬小麦4叶期以后，选择墒情较好、天气晴朗、气温高于10℃，且天气预报未来几天天气较好的情况下，可以用下列除草剂：10%苯磺隆可湿性粉剂15～20克/667米²+20%2甲4氯钠盐水剂150～200毫升/667米²或72%2，4-滴丁酯乳油50毫升/667米²；15%噻磺隆可湿性粉剂15～20克/667米²+20%2甲4氯钠盐水剂150～200毫升/667米²或72%2，4-滴丁酯乳油50毫升/667米²；10%苄嘧磺隆可湿性粉剂20～30克/667米²+20%2甲4氯钠盐水剂150～200毫升/667米²或72%2，4-滴丁酯乳油50毫升/667米²，对水30升均匀喷施，可以有效地防治泽漆等杂草的危害。施药后如遇持续低温易于发生药害。

对于泽漆、播娘蒿、荠菜、麦家公、狼紫草等杂草发生较多的田块(图3-34)，应抓好小麦返青期的防治，一般在3月上中旬开始施药。因为这一时期天气多变、气温不稳定，应根据天气情况选择药剂及时施药。一般情况下可以用下列除草剂：20%氯氟吡氧乙酸乳油40～70毫升/667米²；10%苯磺隆可湿性粉剂15～20克/667米²+20%氯氟吡氧乙酸乳油30～50毫升/667米²；15%噻磺隆可

图 3-34　小麦返青期田间泽漆发生危害情况

湿性粉剂 15～20 克 /667 米^2+20% 氯氟吡氧乙酸乳油 30～50 毫升 /667 米^2；10% 苄嘧磺隆可湿性粉剂 20～30 克 /667 米^2+20% 氯氟吡氧乙酸乳油 30～50 毫升 /667 米^2；10% 苯磺隆可湿性粉剂 15～20 克 /667 米^2+10% 乙羧氟草醚乳油 10～15 毫升 /667 米^2；15% 噻磺隆可湿性粉剂 15～20 克 /667 米^2+10% 乙羧氟草醚乳油 10～15 毫升 /667 米^2；10% 苄嘧磺隆可湿性粉剂 20～30 克 /667 米^2+10% 乙羧氟草醚乳油 10～15 毫升 /667 米^2。

　　因为这一时期天气多变、气温不稳定，应根据天气情况选择药剂及时施药。在天气晴朗、气温高于10℃，且天气预报未来几天天气较好，在小麦拔节前可以用下列除草剂：20%2 甲 4 氯水剂 150～200 毫升 /667 米^2；72%2，4- 滴丁酯乳油 50 毫升 /667 米^2。对水30升均匀喷施，可以有效防治泽漆的危害（图 3-35 和 3-36）。注意不要施药太早，温度较低（低于10℃）、泽漆未返青时药效不好，小麦易发生药害；也不要施药过晚，杂草过大、小麦拔节后施药，药效下降，对小麦的安全性不好，易发生药害。

图3-35 小麦返青期施用苯磺隆＋氯氟吡氧乙酸
防治泽漆等杂草的田间效果比较

图3-36 小麦返青期施用苯磺隆＋乙羧氟草醚
防治泽漆等杂草的田间效果

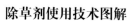

对于泽漆发生严重的田块(图3-37)，应抓好小麦返青期泽漆返青后及时施药的防治。

图3-37　小麦返青期田间泽漆发生危害情况

一般在3月上中旬开始施药。因为这一时期天气多变、气温不稳定，一般在天气晴朗、气温高于10℃，且天气预报未来几天天气较好，应根据天气情况选用下列除草剂：10%乙羧氟草醚乳油10~15毫升/667米²+20%氯氟吡氧乙酸乳油40~60毫升/667米²；20%氯氟吡氧乙酸乳油40~60毫升/667米²+10%苄嘧磺隆可湿性粉剂30~40克/667米²；20%氯氟吡氧乙酸乳油40~60毫升/667米²+10%苯磺隆可湿性粉剂15~20克/667米²；20%氯氟吡氧乙酸乳油40~60毫升/667米²+20%2甲4氯钠盐水剂150~200毫升/667米²；20%氯氟吡氧乙酸乳油40~60毫升/667米²+72%2,4-滴丁酯乳油50毫升/667米²。对水30升均匀喷施，一定要注意天气和小麦生育时期。注意不要施药太早，温度较低(低于10℃)、泽漆未返青时药效不好，小麦易发生药害；也不要施药过晚，杂草过大、小麦拔节后施药，药效下降，对小麦的安全性不好，易产生严重的药害。

十、麦棉套作麦田杂草防治

在冬小麦产区，麦棉套作栽培方式较为普遍。该类麦区麦田主要是播娘蒿、荠菜，个别地块有少量米瓦罐、麦家公、猪殃殃、佛座和泽漆等。该类麦区小麦播种较晚、杂草发生规律性较差，冬前防治往往不能被重视；小麦返青期盲目使用除草剂，经常性出现药害。生产上应注意选择除草剂品种和施药技术。

在小麦冬前期(图3-38)，要注意选择持效期相对较短的除草剂品种。于11月中下旬到12月上旬，选择墒情较好、气温稳定在8℃施药除草效果较好，可以用下列除草剂：15%噻磺隆可湿性粉剂10~15克/667米²；25%溴苯腈乳油120~150毫升/667米²，对水30升均匀喷施，可以有效防治杂草，基本上可以控制小麦整个生育期的杂草危害。

在小麦返青后拔节前(图3-39)，一般在3月上中旬开始施药。

图3-38　麦棉套作田小麦冬前期杂草发生危害情况

图 3-39　麦棉套作田小麦返青期杂草发生危害情况

因为这一时期天气多变、气温不稳定，应根据天气情况选择药剂及时施药。在天气晴朗、气温高于10℃，且天气预报未来几天天气较好的情况下，可以用下列除草剂：25%溴苯腈乳油120～150毫升/667米²；20%氯氟吡氧乙酸乳油50毫升/667米²；20%2甲4氯水剂150～200毫升/667米²；72%2，4-滴丁酯乳油50毫升/667米²。对水30升均匀喷施，一定要注意天气和小麦生育时期。注意不要施药太早，温度较低(低于10℃)、泽漆未返青时药效不好，小麦易发生药害；也不要施药过晚，杂草过大、小麦拔节后施药，药效下降，对小麦的安全性不好，易发生严重的药害。

十一、麦花生轮套作麦田杂草防治

在冬小麦产区，麦花生套作方式较为普遍。该类麦区麦田主要是播娘蒿、荠菜，个别地块有少量米瓦罐、麦家公、猪殃殃、佛座、泽漆等。该类麦区小麦播种较晚，又多为砂壤土或砂碱地，常常由于墒情、天气、管理等方面存在较大差异，杂草发生规律性较差，冬前防治往往不能被重视；同时，在麦花生套作区，花生常在小麦收获前点播在小麦行间，小麦返青期盲目使用除草剂，经常性出现药害。生产上应注意选择除草剂品种和施药技术。

在小麦冬前期(图3-40)，要注意选择持效期相对较短或对花生安全的除草剂品种。于11月上中旬，选择墒情较好、气温稳定在8℃施药除草效果较好，可以用下列除草剂：15%噻磺隆可湿性粉剂10～15克/667米²；25%溴苯腈乳油120～150毫升/667米²。对水30升均匀喷施，可以有效防治杂草，基本上可以控制小麦整个生育期的杂草危害。

图3-40　小麦与花生轮作或套播田冬前杂草发生危害情况

在小麦返青期(图3-41)，一般在3月上中旬开始施药。因为这一时期由于天气多变、气温不稳定，应根据天气情况选择药剂及时施药。一般情况下可以用下列除草剂：15%噻磺隆可湿性粉剂10～

图3-41　小麦与花生轮作或套播田返青期杂草发生危害情况

15克/667米²；20%氯氟吡氧乙酸(使它隆)乳油50毫升/667米²；在天气晴朗、气温高于10℃，且天气预报未来几天天气较好的情况下，可以用下列除草剂：25%溴苯腈乳油120～150毫升/667米²；20%氯氟吡氧乙酸乳油50毫升/667米²；20%2甲4氯水剂150～200毫升/667米²；72%2,4-滴丁酯乳油50毫升/667米²。对水30升均匀喷施，一定要注意天气和小麦生育时期。注意不要施药太早，温度较低(低于10℃)、泽漆未返青时药效不好，小麦易于发生药害；也不要施药过晚，杂草过大、小麦拔节后施药，药效下降，对小麦的安全性不好，易于发生严重的药害。

十二、麦、烟叶、辣椒等轮套作麦田杂草防治

在冬小麦产区，烟叶、辣椒等经济作物栽培面积较大，农民习惯于以麦烟叶或辣椒等套作的方式。该类麦区麦田主要是播娘蒿、荠菜，个别地块有少量米瓦罐、麦家公、猪殃殃、佛座和泽漆等。该类麦区小麦播种较晚、杂草发生规律性较差，冬前防治往往不能被重视；小麦返青期盲目使用除草剂，经常性出现药害。生产上应注意选择除草剂品种和施药技术。

在小麦冬前期(图3-42)，要注意选择持效期相对较短或对花生安全的除草剂品种，于11月中下旬到12月上旬，选择墒情较好、气温稳定在8℃施药除草效果较好。

可以用下列除草剂：25%溴苯腈乳油120～150毫升/667米²；20%氯氟吡氧乙酸(使它隆)乳油50毫升/667米²。对水30升，均匀喷施，可以有效防治杂草，基本上可以控制小麦整个生育期的杂草危害。小麦返青期(图3-43)，一般在3月上中旬开始施药。因为，这一时期天气多变、气温不稳定，应根据天气情况选择药剂及时施药。在天气晴朗、气温高于10℃，且天气预报未来几天天气较好的

情况下，一般情况下可以用下列除草剂：25%溴苯腈乳油120～150
毫升/667米²；20%氯氟吡氧乙酸乳油50毫升/667米²；20%2甲
4氯水剂150～200毫升/667米²；72%2，4－滴丁酯乳油50毫升/
667米²。对水30升，均匀喷施，一定要注意天气和小麦生育时期。
注意不要施药太早，温度较低(低于10℃)、泽漆未返青时药效不好，
小麦易发生药害；也不要施药过晚，杂草过大、小麦拔节后施药，
药效下降，对小麦的安全性不好，易发生严重的药害。

图3-42　麦烟套作田小麦冬前期杂草发生情况

图3-43　麦烟套作田小麦返青期杂草发生危害情况

十三、麦田中后期田旋花、小蓟等杂草的防治

在华北冬小麦产区，特别是中北麦区，近几年随着除草剂的推

广应用，麦田杂草群落发生了较大的变化，麦田杂草主要是播娘蒿、荠菜、泽漆和婆婆纳，另外还会有狼紫草、麦家公、米瓦罐等；在小麦返青后，田间还会发生大量的田旋花、小蓟，影响小麦的生长。必须针对不同地块的草情选择适宜的除草剂种类及时防治(图3-44)。

图3-44　小麦田田旋花、小蓟等杂草发生危害情况

在小麦返青期(图3-45)，如果田旋花、小蓟大量发生，一般在3月上中旬开始施药。因为，这一时期于天气多变、气温不稳定，应根据天气情况选择药剂及时施药。在天气晴朗、气温高于10℃，且天气预报未来几天天气较好的情况下，一般情况下可以用下列除草剂：20%氯氟吡氧乙酸乳油50毫升/667米²；20%2甲4氯水剂150~200毫升/667米²；72%2，4-滴丁酯乳油50毫升/667米²。对水30升，均匀喷施，一定要注意天气和小麦生育时期。注意不要施药

太早，温度较低(低于10℃)、泽漆未返青时药效不好，小麦易发生药害；也不要施药过晚，杂草过大、小麦拔节后施药，药效下降，对小麦的安全性不好，易发生严重的药害。

图3-45　小麦返青期杂草发生危害情况

在小麦拔节抽穗后，麦田田旋花、小蓟大量发生，影响小麦的生长，一般情况下可以用下列除草剂：20%氯氟吡氧乙酸乳油50毫升/667米²；20%2甲4氯水剂150~200毫升/667米²。对水30升，均匀喷施，压低喷头喷到麦行间下部杂草上，注意不能喷到上部嫩穗上。该期施药对小麦有一定的药害，尽量采用人工锄草的方法。

金盾版图书,科学实用,
通俗易懂,物美价廉,欢迎选购

南方秋延后蔬菜生产技术	13.00	蔬菜施肥技术问答(修订版)	8.00
南方秋冬蔬菜露地栽培技术	12.00	蔬菜配方施肥 120 题	8.00
蔬菜间作套种新技术(北方本)	17.00	蔬菜科学施肥	9.00
蔬菜间作套种新技术(南方本)	16.00	设施蔬菜施肥技术问答	13.00
蔬菜轮作新技术(北方本)	14.00	名优蔬菜反季节栽培(修订版)	25.00
蔬菜轮作新技术(南方本)	16.00	大棚日光温室稀特菜栽培技术(第 2 版)	12.00
现代蔬菜育苗	13.00	名优蔬菜四季高效栽培技术	11.00
图说棚室蔬菜种植技术精要丛书·穴盘育苗	12.00	蔬菜无土栽培新技术(修订版)	14.00
蔬菜穴盘育苗	12.00	无公害蔬菜栽培新技术	13.00
蔬菜嫁接育苗图解	7.00	果蔬昆虫授粉增产技术	11.00
蔬菜灌溉施肥技术问答	18.00	保护地蔬菜高效栽培模式	9.00
蔬菜茬口安排技术问答	10.00	图说棚室蔬菜种植技术精要丛书·病虫害防治	16.00
南方蔬菜反季节栽培设施与建造	9.00	保护地蔬菜病虫害防治	11.50
南方高山蔬菜生产技术	16.00	蔬菜病虫害防治	15.00
长江流域冬季蔬菜栽培技术	10.00	蔬菜虫害生物防治	17.00
蔬菜加工实用技术	10.00	无公害蔬菜农药使用指南	19.00
商品蔬菜高效生产巧安排	6.50	设施蔬菜病虫害防治技术问答	14.00
蔬菜调控与保鲜实用技术	18.50	大跨度半地下日光温室建造及配套栽培技术	15.00
菜田农药安全合理使用 150 题	8.00	蔬菜病虫害诊断与防治技术口诀	15.00
菜田化学除草技术问答	11.00	蔬菜病虫害农业防治问答	12.00

以上图书由全国各地新华书店经销。凡向本社邮购图书或音像制品,可通过邮局汇款,在汇单"附言"栏填写所购书目,邮购图书均可享受 9 折优惠。购书 30 元(按打折后实款计算)以上的免收邮挂费,购书不足 30 元的按邮局资费标准收取 3 元挂号费,邮寄费由我社承担。邮购地址:北京市丰台区晓月中路 29 号,邮政编码:100072,联系人:金友,电话:(010)83210681、83210682、83219215、83219217(传真)。